21 世纪高等学校计算机规划教材

大学 计算机基础

实践教程

Windows 10+Office 2016

微课版

曾辉 熊燕 / 主编

人民邮电出版社

北 京

图书在版编目（CIP）数据

大学计算机基础实践教程：Windows 10+Office
2016：微课版 / 曾辉，熊燕主编. -- 北京 ：人民邮电
出版社，2020.5（2022.1重印）
21世纪高等学校计算机规划教材
ISBN 978-7-115-52789-9

Ⅰ. ①大… Ⅱ. ①曾… ②熊… Ⅲ. ①Windows操作系
统－高等学校－教材②办公自动化－应用软件－高等学校
－教材 Ⅳ. ①TP316.7②TP317.1

中国版本图书馆CIP数据核字（2019）第268916号

内 容 提 要

本书是《大学计算机基础（Windows 10+Office 2016）（微课版）》一书的配套实践教程。全书共
分为两部分：第 1 部分是实验指导，从计算机与信息技术基础、计算机系统的构成、操作系统基础、
计算机网络与 Internet、文档编辑软件 Word 2016、电子表格软件 Excel 2016、演示文稿软件 PowerPoint
2016、多媒体技术及应用、网页制作、信息安全与职业道德 10 个方面来组织内容；第 2 部分是习题集，
按照《全国计算机等级考试一级 MS Office 考试大纲（2018 年版）》《大学计算机基础（Windows 10+
Office 2016）（微课版）》的内容配置各类题目，并附有参考答案，方便学生进行自测练习。

本书适合作为高等院校的计算机基础教材，也可作为参加全国计算机等级考试一级 MS Office 考
试的学习参考书。

◆ 主　编　曾　辉　熊　燕
　　责任编辑　刘海溧
　　责任印制　王　郁　焦志炜
◆ 人民邮电出版社出版发行　　北京市丰台区成寿寺路 11 号
　　邮编　100164　电子邮件　315@ptpress.com.cn
　　网址　https://www.ptpress.com.cn
　　三河市君旺印务有限公司印刷
◆ 开本：787×1092　1/16
　　印张：10.75　　　　　　　2020 年 5 月第 1 版
　　字数：262 千字　　　　　2022 年 1 月河北第 7 次印刷

定价：32.00 元
读者服务热线：**(010)81055256**　印装质量热线：**(010)81055316**
反盗版热线：**(010)81055315**
广告经营许可证：京东市监广登字 20170147 号

前 言

随着经济和科技的发展，计算机已成为人们工作和生活中不可缺少的工具。当今计算机技术在信息社会中的应用是全方位的，已广泛应用于科研、经济和文化等领域，其影响不仅限于科学和技术层面，而且渗透到社会文化层面。能够运用计算机进行信息处理已成为每位大学生必备的基本素养。

"大学计算机基础"作为一门普通高校的公共基础必修课程，对学生今后的工作和就业都有较大的帮助。为了适应全国计算机等级考试一级MS Office的操作要求，并弥补学生实际操作能力的不足，我们在编写《大学计算机基础（Windows 10+Office 2016）（微课版）》之后，又组织经验丰富的老师编写了这本配套的辅导用书，为学生提供实验指导和习题集。

本书特点

本书基于"学用结合"的原则编写，主要有以下特色。

1. 主教材可配合使用，全面提升学习效果

本书分为两部分：第1部分为实验指导，根据主教材的内容，分章列出每章的实验指导（其中"第11章　计算机新技术及应用"属于理论知识，不设实验指导），以便于学生在实验时使用，这部分内容要求学生达到掌握的程度；第2部分为习题集，也是按照主教材的内容，分章列出每章的练习题。通过对这两部分内容的学习，学生不仅可以提升实践能力，还可以提升综合应用能力。

2. 科学有效的实验指导，让学生事半功倍

本书的实验指导部分采用"实验学时+实验目的+相关知识+实验实施+实验练习"的结构进行讲解。"实验学时"和"实验目的"版块供老师和学生课前参考，还通过"相关知识"版块总结归纳了实验中涉及的知识，"实验实施"版块给出了实验的关键步骤和操作提示，可以引导学生自行上机操作，"实验练习"版块提供了精选的习题供学生进行知识的巩固和强化。

3. 习题类型丰富，巩固基础理论知识

本书在习题部分安排了单选题、多选题、判断题和操作题，题型丰富，主要考查学生对主教材基础理论知识的掌握程度，使学生在巩固所学基础知识的同时查漏补缺。附录提供了参考答案，以便于学生自测和对照。

4. 提供微课视频，强化实践能力

本书实验指导部分的"实验实施"和"实验练习"版块均配有微课视频，习题部分的操作题配有微课视频。学生扫描书中的二维码，即可观看详细的操作视频，通过视频帮助学生提升实践和操作能力。

配套资源

本书的配套资源包括微课视频（书中二维码形式）、素材与效果文件，本书对应的主教材的配套资源包括习题答案与详尽解析、PPT课件、教学大纲、教案、题库软件、微课视频、素材与效果文件、模板与案例、拓展教学视频、高清计算机组装视频，读者可以登录人邮教育社区（www.ryjiaoyu.com），搜索相应书名，在各自页面下载。

编　者

2019年12月

目 录
CONTENTS

第 1 部分　实验指导

目录

第 2 部分　习题集

第 1 部分
实验指导

第 1 章
计算机与信息技术基础

配套教材的第1章首先讲解计算机的发展，然后介绍计算机的相关基本概念，再讲解3种科学思维，最后介绍计算机中信息的表示。本章将介绍在不同数制之间进行转换的实验任务，以帮助学生充分了解计算机中信息的表示。

实 验 不同数制之间的相互转换

（一）实验学时

1学时。

（二）实验目的

◇ 掌握非十进制数转换为十进制数、十进制数转换为其他进制数的方法。
◇ 掌握二进制数转换为八进制数、十六进制数的方法。

（三）相关知识

数制是用一组固定的符号和统一的规则来表示数值的方法。其中，按照进位方式计数的数制称为进位计数制。常用的进位计数制包括二进制、八进制、十进制和十六进制4种。处在不同位置的数码代表的数值各不相同，分别具有不同的位权值，数制中数码的个数称为数制的基数。如十进制数828.41，将其按位权展开可写成$828.41=8 \times 10^2+2 \times 10^1+8 \times 10^0+4 \times 10^{-1}+1 \times 10^{-2}$，其中$10^i$称为十进制数的位权数，其基数为10。使用不同的基数，可得到不同的进位计数制。

（四）实验实施

1. 非十进制数转换为十进制数

将二进制数、八进制数和十六进制数转换为十进制数时，只需用该数制的各位数乘以各自的位权数，然后将乘积相加，即可得到对应的结果。

（1）将二进制数1010转换为十进制数。先将1010按位权展开，再将其乘积相加，转换过程如下。

（1010）$_2$=（1×2^3+0×2^2+1×2^1+0×2^0）$_{10}$=（8+0+2+0）$_{10}$=（10）$_{10}$

（2）将八进制数332转换为十进制数。先将232按位权展开，再将其乘积相加，转换过程如下。

（332）$_8$=（3×8^2+3×8^1+2×8^0）$_{10}$=（192+24+2）$_{10}$=（218）$_{10}$

2. 十进制数转换为其他进制数

将十进制数转换为二进制数、八进制数和十六进制数时，可将数字分成整数部分和小数部分分别转换，再将结果组合起来。例如，将十进制数225.625转换为二进制数，可以先用除2取余法进行整数部分的转换，再用乘2取整法进行小数部分的转换，转换结果为（225.625）$_{10}$=（11100001.101）$_2$，具体转换过程如图1-1所示。

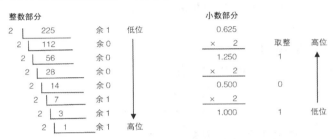

图1-1　十进制数转换为二进制数的过程

又如将十进制数150转换为二进制数，十进制数除2，余数为位权上的数，得到的商值继续除2，依此步骤继续向下运算直到商为0为止，转换结果如下。

（150）$_{10}$=（10010110）$_2$

3. 二进制数转换为八进制数、十六进制数

（1）将二进制数转换为八进制数采用的转换原则是"3位分一组"，即以小数点为界，整数部分从右向左每3位为一组，若最后一组不足3位，则在最高位前面添0补足3位，然后将每组中的二进制数按权相加得到对应的八进制数；小数部分从左向右每3位分为一组，最后一组不足3位时，尾部用0补足3位，然后按照顺序写出每组二进制数对应的八进制数即可。

将二进制数10010110转换为八进制数，转换过程如下。

二进制数　　010　　010　　110

八进制数　　2　　　2　　　6

得到的结果为（10010110）$_2$=（226）$_8$。

（2）将二进制数转换为十六进制数采用的转换原则与二进制数转换为八进制数类似，为"4位分一组"，即以小数点为界，整数部分从右向左、小数部分从左向右每4位一组，不足4位用0补齐。

将二进制数100101100转换为十六进制数，转换过程如下。

二进制数　　0001　　0010　　1100

十六进制数　1　　　2　　　C

得到的结果为（100101100）$_2$=（12C）$_{16}$。

4. 八进制数、十六进制数转换为二进制数

（1）将八进制数转换为二进制数的转换原则是"一分为三"，即从八进制数的低位开

始，将每一位上的八进制数写成对应的3位二进制数。如有小数部分，则从小数点开始，分别向左右两边按上述方法进行转换即可。

将八进制数226转换为二进制数，转换过程如下。

八进制数　　2　　2　　6

二进制数　　010　010　110

得到的结果为（226）$_8$=（10010110）$_2$。

（2）将十六进制数转换为二进制数的转换原则是"一分为四"，即把每一位上的十六进制数写成对应的4位二进制数。

将十六进制数12A转换为二进制数，转换过程如下。

十六进制数　1　　2　　A

二进制数　　0001　0010　1010

得到的结果为（12A）$_{16}$=（100101010）$_2$。

（五）实验练习

1. 将下列非十进制数转换为十进制数

（10110010010011001 0101）$_2$=1460629

（349）$_{16}$=841

（172）$_8$=122

（1000000111010101 10101）$_2$=1063605

（256）$_8$=174

（11110001010110）$_2$=15446

（199）$_{16}$=409

（333）$_8$=219

（594）$_{16}$=1428

2. 将下列十进制数转换为二进制数

（330）$_{10}$=101001010

（1000）$_{10}$=1111101000

（1319）$_{10}$=10100100111

（152）$_{10}$=10011000

3. 将下列八进制数、十六进制数转换为二进制数

（236.3）$_8$=10011110.011

（1156.54）$_8$=1001101110.1011

（3256）$_8$=11010101110

（3C9B）$_{16}$=11110010011011

（2A6D）$_{16}$=10101001101101

（9C2E3F）$_{16}$=100111000010111000111111

第**2**章
计算机系统的构成

配套教材的第2章主要讲解了计算机系统的构成。本章将介绍键盘及指法练习和连接计算机的硬件两个实验任务，以帮助学生养成正确使用键盘的习惯，掌握连接计算机硬件的方法。

实验一 键盘及指法练习

（一）实验学时

2学时。

（二）实验目的

◇ 熟悉键盘的构成及各键位的功能和作用。
◇ 了解键盘的键位分布，掌握正确的键盘指法。
◇ 掌握指法练习软件"金山打字通"的使用方法。

（三）相关知识

1. 键盘

键盘是用户和计算机进行交流的工具，用户通过键盘可以直接向计算机输入各种字符和命令，简化计算机的操作。以常用的107键键盘为例，键盘按照各键功能的不同可以分为主键盘区、编辑键区、小键盘区、状态指示灯区和功能键区5个部分。

（1）主键盘区。主键盘区用于输入文字和符号，包括字母键、数字键、符号键、控制键和Windows功能键，共5排61个键。其中，字母键"A"～"Z"用于输入26个英文字母，数字键"0"～"9"用于输入相应的数字和符号。每个数字键位由上、下两种字符组成，又称为双字符键。单独敲这些键，将输入下档字符，即数字；如果按住"Shift"键不放再敲击该键位，将输入上档字符，即特殊符号。符号键大部分位于主键盘区的右侧。与数字键一样，每个符号键位也由上、下两种不同的符号组成。

（2）编辑键区。编辑键区主要用于编辑过程中的光标控制。其中，"Scroll Lock"键又称为锁定滚屏键，按下该键可使屏幕停止滚动，直到再次按下该键为止；按"Pause Break"键可使屏幕暂停显示，按"Enter"键后屏幕继续显示；按"Page Up"键可以翻到屏幕上一页；按"Page Down"键可以翻到屏幕下一页；按"Home"键可使光标快速移至当前行的行首，按"End"键则光标移至行尾；按"←""→""↑""↓"键，光标将向箭头方向移动一个字符，只移动光标，不移动文字；每按一次"Delete"键，将删除光标位置后的一个字符；按"Insert"键可进行插入和改写的转换；按"Print Screen"键可将当前屏幕复制到剪贴板，再在其他程序中按"Ctrl+V"组合键可以粘贴当前屏幕图片。

（3）小键盘区。小键盘区主要用于快速输入数字及进行光标移动控制。当要使用小键盘区输入数字时，应先按下左上角的"Num Lock"键，此时状态指示灯区第1个指示灯亮，表示此时为数字状态，然后输入数字即可。

（4）状态指示灯区。状态指示灯区主要用于提示小键盘区的工作状态、大小写状态及锁定滚屏键的状态。

（5）功能键区。功能键区位于键盘的顶端，其中"Esc"键用于取消已输入的命令或字符串，在一些应用软件中常起到退出的作用；"F1"～"F12"键称为功能键，在不同的软件中，各键的功能有所不同，一般在程序窗口中按"F1"键可以获取该程序的帮助信息；"Power"键、"Sleep"键和"Wake Up"键分别用于控制电源、转入睡眠状态和唤醒睡眠状态。

2. 键盘操作

使用正确的打字姿势可以提高打字速度，减少疲劳程度，这点对于初学者而言非常重要。正确的打字姿势：身体保持正直，上身微前倾，双手自然地放在键盘上；大腿与地面平行，双脚自然地放在地上。坐椅的高度与计算机键盘、显示器的放置高度要适中，一般以双手自然垂放在键盘上时肘关节略高于手腕为宜；显示器的高度则以操作者坐下后，其目光水平线处于屏幕的2/3处为优。

准备打字时，将左手的食指放在"F"键上，右手的食指放在"J"键上。这两个键下方各有一个突起的小横杠，用于左右手的定位，其他的手指（除大拇指外）按顺序分别放置在相邻的基准键位上，双手的大拇指放在空格键上。基准键位指主键盘区的第2排字母键中的"A""S""D""F""J""K""L"";"8个键。打字时键盘的指法分区：除大拇指外，其余8个手指各有一定的活动范围，把字符键位划分成8个区域，每个手指负责该区域字符的输入，如图2-1所示。

击键的要点及注意事项包括以下6点。

（1）手腕要平直，胳膊应尽可能保持不动。

（2）击键时要严格按照手指的键位分工，不能随意击键。

（3）击键时以手指指尖垂直向键位使用冲力，并立即反弹，不可用力太大。

（4）左手击键时，右手手指应放在基准键位上保持不动；右手击键时，左手手指也应放在基准键位上保持不动。

（5）击键后手指要迅速返回相应的基准键位。

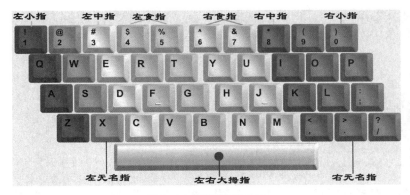

图2-1 键盘的指法分区

（6）不要长时间按住一个键不放，击键时应尽量不看键盘，养成"盲打"的习惯。

（四）实验实施

下面通过使用"金山打字通"软件来熟悉键盘操作。

（1）打开"金山打字通"软件，如图2-2所示。若是第一次使用该软件，还需要注册才能使用；若已有用户名，在登录时选择相应的用户名登录即可。

微课：键盘的具体操作

（2）单击"新手入门"按钮，在打开的提示框中选择"自由模式"，然后再次单击"新手入门"按钮，在打开的界面中单击"打字常识"按钮，打开"认识键盘"界面，在其中单击"下一页"按钮可依次学习相关的键位分布知识，如图2-3所示。

图2-2 "金山打字通"界面

图2-3 "认识键盘"界面

（3）单击"首页"超链接返回主界面，然后分别单击"英文打字""拼音打字"和"五笔打字"按钮进行练习，其中"拼音打字"界面如图2-4所示。

（4）在主界面分别单击"打字测试""打字游戏"按钮进行练习，其中"打字测试"界面如图2-5所示。

图2-4 "拼音打字"界面

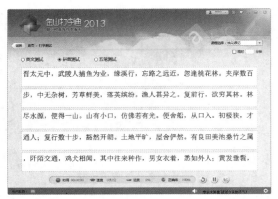

图2-5 "打字测试"界面

（五）实验练习

1. 熟悉基本键的位置

将左手的食指放在"F"键上，右手的食指放在"J"键上，其余手指分别放在相应的基准键位上，然后以"原地踏步"的方式练习各组字母键。在练习时要注意培养击键的感觉，如要输入字母a，先将双手放置在8个基本键位上，大拇指放在空格键上，准备好后先用左手小指敲一下键盘上的"A"键，此时"A"键被按下又迅速弹回，手指也要在击键后迅速回到"A"键位上，击键完成后，字母a将显示在屏幕上。

练习左手食指键的指法，左手食指主要控制"R""T""G""F""V""B"键，每击完一次都回到基本键"F"上；练习右手食指键的指法，右手食指主要控制"Y""U""H""J""N""M"键；练习左、右手中指键的指法，左手中指主要控制"E""D""C"键，右手中指主要控制"I""K"","键；练习左、右手无名指键的指法，左手无名指主要控制"W""S""X"键，右手无名指主要控制"O""L""。"键；练习左、右手小指键的指法，左手小指主要控制"Q""A""Z"键，右手小指主要控制"P"";""/"键。

2. 数字键的指法练习

数字键的击键方法与字母键相似，只是手指的移动距离比击字母键时长，难度更大。输入数字时左手控制"1""2""3""4""5"，右手控制"6""7""8""9""0"。例如，若要输入1234，应先将双手放置在基本键位上，然后将左手抬离键盘而右手不动，用左手小指迅速按一下数字键"1"并迅速回到基准键位上，再用同样的方法输入"234"即可。应认真练习数字的输入，始终要坚持手指击键完毕后就返回基准键位。

3. 指法综合练习

如果是大、小写字母混合输入的情况，当大写字母在右手控制区时，左手小指按住"Shift"键不放，右手按字母键，然后左、右手同时松开并返回基准键位；如果输入的大写字母在左手控制区，则用右手小指按住"Shift"键，左手按字母键，然后左、右手同时松开并回到基准键位。

实验二 连接计算机的硬件

（一）实验学时

2学时。

（二）实验目的

◇ 认识计算机的基本结构及组成部分。
◇ 了解计算机各硬件的基本功能。
◇ 掌握计算机的硬件连接步骤和安装过程。

（三）相关知识

1. 计算机的基本结构

尽管各种计算机在性能和用途等方面有所不同，但是其基本结构都遵循冯•诺依曼体系结构，人们将符合这种设计的计算机称为冯•诺依曼计算机。

冯•诺依曼计算机主要由运算器、控制器、存储器、输入设备和输出设备5部分组成，这5个组成部分的职能和相互关系如图2-6所示。

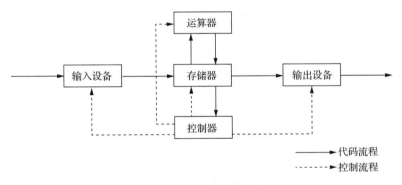

图2-6 计算机的基本结构

2. 认识计算机硬件

计算机硬件主要包括以下9种。

（1）微处理器。微处理器是由一片或少数几片大规模集成电路组成的中央处理器（Central Processing Unit，CPU）这些电路用于执行控制部件和算术逻辑部件的功能。CPU中不仅有运算器、控制器，还有寄存器与高速缓冲存储器，CPU既是计算机的指令中枢，也是系统的最高执行单位。

（2）内存储器。内存储器也称内存，是计算机中用来临时存放数据的地方，也是CPU处理数据的中转站。内存的容量和存取速度直接影响CPU处理数据的速度。内存主要由内存芯片、电路板和金手指等组成。

（3）主板。主板是机箱中最重要的电路板。主板上布满了各种电子元器件、插座、插槽和外部接口，可以为计算机的所有部件提供插槽和接口，并通过其中的线路统一协调所有部件的工作。

（4）硬盘。硬盘是计算机中最大的存储设备，通常用于存放永久性的数据和程序。硬盘容量是选购硬盘的主要性能指标之一，包括总容量、单碟容量和盘片数3个参数。

（5）光盘驱动器。光盘驱动器简称光驱。光驱用来存储数据的介质称为光盘。光盘以光信息作为存储的载体，其特点是容量大、成本低和保存时间长。

（6）鼠标。根据鼠标按键的不同，可以将鼠标分为3键鼠标和两键鼠标；根据鼠标工作原理的不同又可将其分为机械鼠标和光电鼠标。此外，还可以将鼠标分为无线鼠标和轨迹球鼠标。

（7）键盘。用户通过键盘可以直接向计算机输入各种字符和命令，简化计算机的操作。不同生产厂商生产出的键盘型号各不相同。目前常用的键盘有107个键位。

（8）显卡。显卡又称显示适配器或图形加速卡，其功能主要是将计算机中的数字信号转换成显示器能够识别的信号，再将要显示的数据进行处理和输出。显卡可分担CPU的图形处理工作。

（9）显示器。显示器是计算机的主要输出设备，其作用是将显卡输出的信号（模拟信号或数字信号）以肉眼可见的形式表现出来。目前主要有两种显示器，一种是液晶显示器（Liquid Crystal Display，LCD），另一种是使用阴极射线管（Cathode Ray Tube，CRT）的显示器。

（四）实验实施

通常计算机的主机、显示器及鼠标、键盘都是分开包装的，购买计算机后，需要将各组成部分连接在一起，具体操作如下。

微课：连接计算机的各组成部分的具体操作

（1）将计算机各组成部分放在桌子的相应位置，然后将PS/2键盘连接线的插头对准主机后的紫色键盘接口并插入，如图2-7所示。

（2）将USB鼠标连接线的插头对准主机后的USB接口并插入，然后将显示器包装箱中配置的数据线的视频图形阵列（Video Graphics Array，VGA）插头插入显卡的VGA接口中。如果显示器的数据线是数字视频接口（Digital Visual Interface，DVI）或高清多媒体接口（High Definition Multimedia Interface，HDMI）插头，对应连接机箱后的接口即可。然后拧紧插头上的两颗固定螺丝，如图2-8所示。

（3）将显示器数据线的另外一个插头插入显示器后面的VGA接口上，并拧紧插头上的两颗固定螺丝，再将显示器包装箱中配置的电源线的一头插入显示器的电源接口中，如图2-9所示。

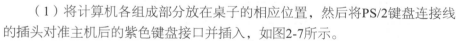

图2-7　连接键盘

图2-8　连接鼠标和显卡

图2-9　连接显示器

（4）检查前面安装的各种连线，确认连接无误后，将主机电源线连接到主机后的电源接口，如图2-10所示。

（5）将显示器的电源插头插入电源插线板中，如图2-11所示。

（6）将主机的电源线插头插入电源插线板中，完成连接计算机硬件的操作即可通电，如图2-12所示。

图2-10　连接电源线　　　图2-11　连接显示器电源线　　　图2-12　主机通电

（五）实验练习

观察计算机的组成部分，重点掌握主板各个部件的名称、功能等；了解主板上常用接口的相关功能、外观形状、颜色区别、针孔数；熟悉常见的外部设备的连接方法，要注意区分不同颜色和形状的接口所连接设备的不同。

第 3 章
操作系统基础

　　配套教材的第3章以Windows 10为操作平台，介绍Windows 10的基本操作及高级操作，主要包括Windows 10入门、Windows 10程序的启动与窗口操作、Windows 10的汉字输入、Windows 10的文件管理、Windows 10的系统管理、Windows 10的网络功能、Windows 10系统的备份与还原等。通过对本章实验的练习，学生可以全面了解Windows 10的基本功能并掌握其操作方法。

实验一　Windows 10的基本操作

（一）实验学时

　　2学时。

（二）实验目的

◇　了解Windows 10的基础知识。

◇　掌握Windows 10中程序的启动与窗口操作的方法。

◇　掌握Windows 10中的汉字输入、文件管理、系统管理等操作。

（三）相关知识

1. 整理桌面图标

　　整理桌面图标操作主要分为排列桌面图标和删除桌面图标。

　　（1）排列桌面图标。排列图标的方法有手动排列和自动排列两种。手动排列的方法是将鼠标指针移动到某个图标上，按住鼠标左键不放，拖动鼠标到目标位置后释放即可；自动排列的方法是在桌面空白处单击鼠标右键，在弹出的快捷菜单中选择"查看"/"自动排列图标"命令。

　　（2）删除桌面图标。计算机桌面上常常会有不常用的图标，或是误操作产生的图标，这时就需要删除这些图标。删除桌面图标的方法有使用快捷菜单删除和拖动删除两种。

2．创建快捷方式图标

在桌面的空白处单击鼠标右键，在弹出的快捷菜单中选择"新建"/"快捷方式"命令，打开"创建快捷方式"对话框。单击"浏览"按钮，打开"浏览文件或文件夹"对话框，在"从下面选择快捷方式的目标"栏中选择需要添加快捷方式的选项，这里选择"OneDrive"选项。依次单击"确定"和"下一步"按钮，继续进行快捷方式的创建，保持其他默认设置不变，单击"完成"按钮。

3．使用"开始"按钮

Windows 10"开始"屏幕中磁贴的数量、大小和位置并不是固定不变的，用户可以根据使用习惯和日常需要对磁贴进行相应的操作。

（1）编辑"开始"屏幕中的磁贴。编辑"开始"屏幕中的磁贴主要有打开磁贴、调整磁贴大小、移动磁贴位置等操作。

（2）将应用程序固定到"开始"屏幕。单击"开始"按钮，在打开的"开始"菜单中选择需要固定到"开始"屏幕中的程序，这里选择"Cortana（小娜）"选项，在其上单击鼠标右键，在弹出的快捷菜单中选择"固定到'开始'屏幕"命令即可。

4．窗口和对话框的基本操作

窗口和对话框的很多操作都是相同的，如移动、关闭、切换等。

（1）移动窗口和对话框。在窗口或对话框处于非最大化状态时，将鼠标指针移动到该窗口或对话框最上方的标题栏上，按住鼠标左键不放将其拖动至适当位置后释放鼠标，便可将窗口或对话框移动到当前位置。

（2）关闭窗口和对话框。在窗口和对话框的右上角都有一个"关闭"按钮，其颜色和形状可能有所差异，但功能都相同，单击它即可关闭当前的窗口或对话框。也可通过在窗口或对话框标题栏的空白区域单击鼠标右键，在弹出的快捷菜单中选择"关闭"命令关闭窗口或对话框。

（3）切换当前窗口和对话框。当需要在打开的多个窗口或对话框之间进行切换时，将鼠标指针放在任务栏对应窗口或对话框的按钮上，稍等片刻，任务栏上方将显示该窗口或对话框的预览框，单击预览框即可切换到该窗口或对话框。

（四）实验实施

1．设置输入法

安装输入法后，可对输入法进行调整和设置，以方便用户使用，这是进行文字输入前的准备。下面设置当前计算机中的输入法。

（1）添加输入法。使用鼠标单击"输入法"图标，在打开的面板中选择"语言首选项"选项，打开"设置"窗口，并默认打开"区域和语言"选项卡，在"添加语言"栏中选择"中文（中华人民共和国）"选项，单击"选项"按钮，在打开窗口的"键盘"列表中选择"添加键盘"选项，在打开的下拉列表中选择"微软五笔"选项。

微课：设置输入法的具体操作

（2）删除输入法。返回窗口可发现"微软五笔"已经显示到列表中，选择"微软拼音"选项，在打开的下拉列表中单击"删除"按钮，完成后单击"关闭"按钮，即可完成添加和删除输入法的操作。

（3）设置默认输入法。打开控制面板，在"时钟、语言和区域"栏中单击"更换输入法"超链接，打开"语言"窗口。在"控制面板主页"栏中单击"高级设置"超链接，打开"高级设置"窗口。单击"替代默认输入法"下方的下拉按钮，在打开的下拉列表中选择"中文（简体，中国）-搜狗拼音输入法"选项，单击"保存"按钮，即可完成设置。

（4）设置输入法外观。在输入法状态条上单击鼠标右键，在弹出的快捷菜单中选择"更换皮肤"命令，在弹出的"更换皮肤"子菜单中选择喜欢的皮肤。选择皮肤后，状态条将变为更改后的状态，并在右侧显示更换后的效果，如图3-1所示。

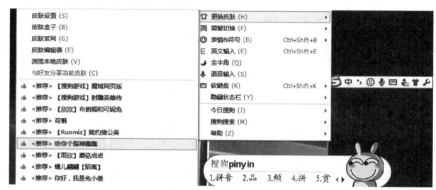

图3-1　设置输入法外观

2. 文件与文件夹的基本操作

文件与文件夹的基本操作包括新建、移动、复制、隐藏、显示、删除、还原、重命名、查找文件或文件夹等。下面练习文件与文件夹的相关操作。

微课：文件与文件夹的具体操作

（1）新建文件或文件夹。在"F"盘中新建一个名为"图片"的文件夹，再在该文件夹中创建一个文本文档。

（2）选择文件或文件夹。选择单个或连续的文件或文件夹时，可直接拖动鼠标进行选择；选择大量或不连续的多个文件或文件夹时，则可使用键盘和鼠标配合完成。

（3）移动与复制文件或文件夹。练习通过快捷菜单、快捷键、菜单栏、工具栏等方法来移动文件或文件夹；练习通过快捷菜单、快捷键、"主页"/"组织"组等方法来复制文件或文件夹。

（4）隐藏与显示文件或文件夹。选择要隐藏的文件或文件夹，选择"查看"/"显示/隐藏"组，单击"隐藏所选项目"按钮，即可隐藏文件或文件夹；在"查看"/"显示/隐藏"组中单击选中"隐藏的项目"复选框，即可在该窗口中看到被隐藏的文件夹以稍浅的颜色显示。

（5）删除与还原文件或文件夹。练习通过快捷菜单的方法删除与还原文件或文件夹。

（6）重命名文件或文件夹。在需要重命名的文件或文件夹上单击鼠标右键，在弹出的快捷菜单中选择"重命名"命令，此时文件或文件夹名称呈蓝底白字的可编辑状态，输入新的名称，然后按"Enter"键或单击空白区域即可。

（7）查找文件。在"此电脑"窗口的"搜索"栏中输入需要搜索的文件或文件夹的关键字，在打开的窗口中将显示搜索的结果，双击文件即可打开搜索的结果。

（8）查看文件或文件夹属性。在窗口中选择需要查看属性的文件或文件夹，选择"主页"/"打开"组，单击"属性"按钮，在弹出的下拉列表中选择"属性"选项，可在打开的对话框中查看文件或文件夹的类型、位置、大小和占用空间等属性。

（9）更改文件夹图标。练习更改"图片"文件夹的图标样式，使其更加直观，效果如图3-2所示。

图3-2　更改图标

（10）设置文件或文件夹快捷方式到桌面。选择要设置快捷方式的文件或文件夹，单击鼠标右键，在弹出的快捷菜单中选择"发送到"/"桌面快捷方式"命令，返回桌面可发现选择的文件或文件夹已经以快捷方式的形式显示在桌面上。

（11）设置文件或文件夹快捷方式到"开始"屏幕。选择需要设置到"开始"屏幕中的文件或文件夹，单击鼠标右键，在弹出的快捷菜单中选择"固定到'开始'屏幕"命令，打开"开始"屏幕即可看到固定的效果。

（12）设置文件打开的默认程序。选择需要设置的文件，单击鼠标右键，在弹出的快捷菜单中选择"打开方式"/"选择其他应用"命令，打开"你要如何打开这个文件？"面板，在其中选择需要替换的打开方式，并在下方单击选中"始终使用此应用打开"复选框，单击"确定"按钮即可。

（五）实验练习

1. 管理"E"盘中的文件和文件夹

先在"E"盘中创建一个名为"图片文档"的文件夹，然后通过复制、移动、重命名、删除等操作，对磁盘中相应的文件和文件夹进行分类整理，并放置到相应的文件夹中。

微课：管理"E"盘中的文件和文件夹的具体操作

2. 浏览和搜索计算机中的文件

通过"此电脑"窗口查看各磁盘下的文件内容，可通过不同的视图方式进行查看，并删除不需要的文件，最后搜索计算机中格式为".xlsx"的文件。

微课：浏览和搜索计算机中的文件的具体操作

3. 使用拼音输入法输入"会议通知"

在记事本程序中使用搜狗拼音输入法输入会议通知（效果\第3章\会议通知.txt），要求如下。

（1）启动记事本程序。

（2）切换到搜狗拼音输入法。

（3）输入会议通知内容。

微课：使用拼音输入法输入"会议通知"的具体操作

实验二　Windows 10的高级操作

（一）实验学时

2学时。

（二）实验目的

◇ 掌握Windows 10的个性化设置方法。

◇ 掌握Windows 10中软件的安装与卸载方法。

（三）相关知识

1. 获取安装软件包

获取安装软件包的方法主要有通过网站下载、通过应用商店下载和通过软件管家下载3种。

（1）通过网站下载。许多软件开发商都会在网上公布一些共享软件和免费软件的安装程序，用户可上网寻找并下载这些安装程序。一些专门的软件网站也提供了各种常用软件的下载。除此之外，很多软件都有对应的官方网站，会提供一些下载方式。

（2）通过应用商店下载。单击"开始"按钮，在打开的"开始"菜单右侧的"开始"屏幕中选择"Microsoft Store"选项，打开"Microsoft Store"窗口。在"热门免费应用"列表中选择"QQ音乐"选项，打开"QQ音乐"应用页面。单击页面右上方的"获取"按钮，系统将自动进行下载操作，并在下方显示下载的进度，下载完成后将自动完成软件的安装操作，并显示"此产品已安装"。单击"启动"按钮，即可启动下载的QQ音乐，并以窗口的模式运行。

（3）通过软件管家下载。打开"腾讯电脑管家"窗口，在下方单击"软件分析"标签，在打开的列表中单击"软件管理"超链接，打开"软件管理"窗口。在左侧单击"宝库"标签，在上方单击"图片"标签，在下方选择"2345看图王"选项，并单击下方的"安装"按钮，即可对软件进行下载操作。完成下载后可直接安装软件。

2．安装软件的注意事项

（1）不安装不熟悉的软件。

（2）应选择口碑较好的软件下载网站，在浏览器首页可看到"软件"词条，从词条进入软件网站并选择需要的软件。

（3）找到需要的软件后，查看下载量和评论，选择下载量高和评论较好的软件。

（4）动手安装软件前，查看该软件是否有捆绑安装的软件，若有自己并不需要的捆绑软件，可在安装过程中选择自定义安装。

（5）若被计算机病毒入侵，杀毒无效，只能将设备格式化后重装系统。

（四）实验实施

1．个性化设置 Windows 10

Windows 10默认的系统桌面是深蓝色的背景，用户可设置个性化外观效果让桌面焕然一新，具体操作如下。

微课：个性化设置 Windows 10 的具体操作

（1）更改系统桌面背景。先选择"个性化"选项，设置纯色背景，然后设置图片背景，再设置自定义图片为背景，最后设置背景为幻灯片放映。

（2）更改系统主题。打开"设置"窗口的"主题"选项卡，选择"鲜花"主题；然后单击"桌面图标设置"超链接，选择"此电脑"桌面图标，更换图标，如图3-3所示。

（3）更改颜色。打开"设置"窗口，在左侧的"主页"栏中选择"颜色"选项卡，在右侧的"Windows颜色"栏中选择需要的颜色。在其下方还可设置透明效果、应用区域和应用模式等。在对应的区域即可查看更改的主题颜色。

（4）更改屏幕分辨率。选择"显示设置"选项，打开"设置"窗口，调整屏幕分辨率为"1280×1024"，如图3-4所示。

图3-3　更改图标

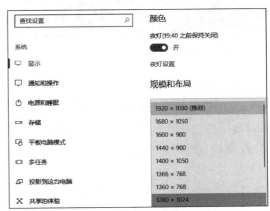

图3-4　设置分辨率

（5）设置屏幕保护程序。在"设置"窗口中选择"锁屏界面"选项卡，然后单击"屏幕保护程序设置"超链接，打开"屏幕保护程序设置"对话框。在"屏幕保护程序"下拉列表框中选择所需的选项，这里选择"彩带"选项，在"等待"数值框中输入等待时间，这里输入

"10"。单击"确定"按钮，完成设置并退出对话框。

2. 自定义任务栏

自定义任务栏操作包括将程序固定在任务栏中、添加工具栏和调整语音
助手的显示设置等，具体操作如下。

微课：自定义任务栏的具体操作

（1）将程序固定在任务栏中。单击"开始"按钮，选择需要固定到任务
栏的程序图标，按住鼠标左键不放进行拖动，将该图标拖动至任务栏的空白
区域，释放鼠标左键即可将该程序固定在任务栏中，如图3-5所示。

（2）添加工具栏。在任务栏的空白区域单击鼠标右键，在弹出的快捷菜单中选择"工具
栏"/"地址"命令，然后再次在快捷菜单中选择"桌面"命令，将"桌面"工具栏显示在任
务栏中。

（3）调整语音助手的显示设置。在任务栏的空白区域单击鼠标右键，在弹出的快捷菜单
中选择"Cortana"/"显示Cortana图标"命令，此时可发现任务栏中Cortana语音助手的搜索框
已经消失，取而代之的是该程序的图标。也可在快捷菜单中选择"Cortana"/"隐藏"命令，
可以将Cortana语音助手完全隐藏，如图3-6所示。

图3-5　将程序固定在任务栏中

图3-6　调整语音助手的显示设置

3. 设置系统时间与声音

在Windows 10中，可以对计算机系统的声音、系统日期和时间等进行设
置，使其更符合用户使用计算机的需求和习惯，具体操作如下。

微课：设置系统时间与声音的具体操作

（1）设置声音。练习通过直接设置和音量合成器设置两种方法来设置系
统的声音。

（2）设置日期和时间。单击"日期和时间设置"超链接，设置方式为自
动设置时区，然后按照当前时间更改时间和日期。

4. 软件的安装与管理

下面讲解安装腾讯QQ软件的方法并通过程序首字母查找软件，具体操作如下。

（1）运行安装程序。找到保存腾讯QQ安装程序的位置，双击QQ_9.1.3.25332.exe图标，

运行安装程序。

（2）同意安装协议。检测安装环境，在出现的对话框中单击选中"阅读并同意"复选框，选择"自定义选项"选项卡，在展开的面板中单击"浏览"按钮。

（3）选择软件保存区域。打开"浏览文件夹"对话框，在下方的下拉列表中选择软件的保存位置，单击"确定"按钮。

（4）立即安装。单击选中"自定义"单选钮，输入文件的保存位置，单击"立即安装"按钮，开始安装QQ软件，并显示安装进度。在打开的对话框中取消选取其他复选框，单击"完成安装"按钮，完成安装，如图3-7所示。

（5）通过程序首字母查找软件。单击"开始"按钮，在打开的"开始"菜单中可看到所有程序的列表，选择列表下方的"A"选项，系统打开拼音列表，该列表中罗列了所有安装程序的首字母。其中白色的字母表示已经有对应的程序，灰色字母表示尚未安装对应程序。这里选择"拼音F"选项，此时在"开始"菜单的上方将显示"拼音F"对应的所有程序，其中包括"飞鸽传书"软件，如图3-8所示。

图3-7　安装腾讯QQ

图3-8　通过程序首字母查找软件

（6）使用Cortana查找软件。单击"开始"按钮，在打开的"开始"菜单右侧的"开始"屏幕中单击"Cortana（小娜）"选项，打开"搜索"面板。单击"应用"按钮，在打开列表下方的文本框中输入需要查找的程序，如输入"腾讯"，在列表的上方将显示搜索到的程序。

5. 卸载软件

卸载软件可通过"开始"菜单、"开始"屏幕和控制面板3种途径完成，具体操作如下。

（1）在"开始"菜单中卸载软件。单击"开始"按钮，在打开的"开始"菜单中选择"腾讯软件"/"卸载腾讯QQ"选项，打开"你确定要卸载此产品吗？"提示框。单击"是"按钮，此时将显示卸载的进度，稍等片刻即完成卸载。完成后将打开"腾讯QQ卸载"对话框，显示"腾讯QQ已成功地从您的计算机移除"，单击"确定"按钮。

（2）在"开始"屏幕中卸载软件。在"开始"菜单中选择要卸载的软件，在其上单击鼠标右键，在弹出的快捷菜单中选择"卸载"命令，打开"将卸载此应用及其相关信息"提示框。单击"卸载"按钮，即可卸载该软件。

（3）在控制面板中卸载软件。单击"开始"按钮，在打开的"开始"菜单中选择"Windows系统"/"控制面板"选项，打开"控制面板"窗口。单击"程序和功能"超链接，打开"程序和功能"窗口，在右侧的列表框中可查看计算机中安装的软件程序。这里选择"阿里旺旺"软件并单击鼠标右键，在弹出的快捷菜单中选择"卸载"命令，打开阿里旺旺程序的卸载对话框。单击选中"卸载时删除所有的个人配置信息和聊天记录"复选框，单击"卸载"按钮，在打开的对话框中将显示卸载进度。卸载完成后，在打开的对话框中将提示卸载完毕，单击"确定"按钮，如图3-9所示。

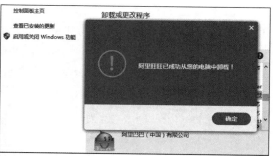

图3-9　在控制面板中卸载软件

（五）实验练习

1. 使用应用商店下载并安装微信

下面使用应用商店下载并安装微信，参考过程如图3-10所示，要求如下。

（1）打开"应用商店"窗口，在其中选择"微信"选项。

（2）打开"微信"应用页面，单击"获取"按钮，下载并进行安装。

（3）在"开始"菜单中选择"微信"选项，即可启动下载的微信。

微课：使用应用商店下载并安装微信的具体操作

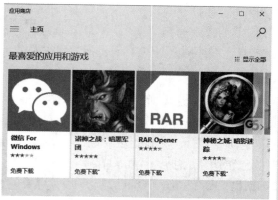

图3-10　使用应用商店下载并安装微信

2. 使用首字母查找爱奇艺软件

下面使用首字母查找爱奇艺软件，参考过程如图3-11所示，要求如下。

（1）单击"开始"按钮，在打开的"开始"菜单中选择列表下方的"A"选项。

（2）此时将打开拼音列表，选择"拼音A"选项。

（3）"开始"菜单的上方显示"拼音A"对应的所有程序，其中包括"爱奇艺"软件。

图3-11　使用首字母查找爱奇艺软件

第 **4** 章
计算机网络与Internet

配套教材的第4章主要讲解了计算机网络与Internet的基础知识。本章将介绍Internet的接入与Edge浏览器的使用、收发与设置电子邮件和搜索网络资源3个实验任务，通过对这3个实验任务的练习，学生可以掌握Internet的相关使用方法，学会利用Internet实现网上办公和学习。

实验一 Internet的接入与Edge浏览器的使用

（一）实验学时

2学时。

（二）实验目的

◇ 掌握ADSL拨号和无线接入Internet的操作方法。
◇ 掌握Edge浏览器的使用方法。

（三）相关知识

1. ADSL 拨号接入方式

非对称式数字用户线路（Asymmetric Digital Subscriber Line，ADSL）接入方式，指用户直接利用现有的电话线作为传输介质进行上网。它适用于家庭、个人等用户的大多数网络应用。

（1）ADSL上网硬件准备。使用ADSL技术可以充分地利用现有的电话线网络，通过在线路两端加装ADSL设备提供宽带服务，用户在上网的同时也可拨打电话，互不影响，而且上网时不需要缴付额外的电话费，可节省费用。要使用ADSL接入Internet，必须具备一些条件，如申请一个ADSL上网账号、一个ADSL分离器、一个ADSL调制解调器（Modem）、一台个人计算机、两根电话线和一根网线。

（2）硬件连接。准备好ADSL上网硬件设备后，还必须使用电话线和网线将所需的硬件设备连接起来。具体方法：首先将用户的电话线连接到ADSL分离器上，然后将ADSL分离器中Phone端口的电话线连接到电话机的插孔中，并将ADSL分离器中Modem端口的电话线连接到ADSL Modem的Line插孔；然后将网线的一端插入ADSL Modem的Ethernet插孔，将ADSL Modem的电源线一端插入Power插孔，另一端插入电源；最后将网线的另一端连接到计算机网卡对应的插孔上。

2. 无线上网的几种方式

无线上网是通过无线传输介质，如红外线和无线电波来接入Internet。通俗地说，只要上网终端（如笔记本电脑、智能手机等）没有连接有线线路，都称为无线上网。无线上网主要有以下3种方式。

（1）通过无线网卡、无线路由器上网。笔记本电脑一般都配置了无线网卡，通过无线路由器把有线信号转换成Wi-Fi信号，再连入Internet，从而让笔记本电脑也拥有上网功能，这也是普通家庭常见的无线上网方式。

（2）通过无线网卡在网络覆盖区上网。在无线上网的网络覆盖区，如机场、超市等公共场所，无线网卡能够自动搜索出相应的Wi-Fi网络，选择该网络即可连接到Internet。

（3）通过无线上网卡上网。无线上网卡相当于Modem，通过它可在无线电话信号覆盖的地方利用手机的智能卡（Subscriber Identification Module，SIM）卡（SIM卡插入无线上网卡）连接到Internet，而上网费用计入SIM卡中。由于无线上网卡上网方便、简单，现在很多台式机也在使用。无线上网卡有通用串行总线（Universal Serial Bus，USB）接口和个人计算机内存卡国际联合会（Personal Computer Memory Card International Association，PCMCIA）接口两种。

3. 其他 Internet 接入方式

除了ADSL拨号上网和无线上网外，还有以下3种接入Internet的方式。

（1）DDN专线接入。数字数据网（Digital Data Network，DDN）是随着数据通信业务发展而迅速发展起来的一种新型网络。DDN的主干网传输媒介有光纤、数字微波、卫星信道等，用户端多使用普通电缆和双绞线。DDN将数字通信技术、计算机技术、光纤通信技术、数字交叉连接技术有机地结合在一起，提供了高速度、高质量的通信环境，可以向用户提供点对点、点对多点透明传输的数据专线出租电路，为用户传输数据、图像、声音等信息，速度越快租金越高。

（2）光纤接入。光纤出口带宽通常在10Gbit/s以上，适用于各类局域网的接入。光纤通信具有容量大、质量高、性能稳定、防电磁干扰、保密性强等优点。光纤宽带网以2M~10Mbit/s作为最低标准接入用户家中，会取代ADSL成为接入Internet的更优方式，光纤用户端要有一个光纤收发器和一个路由器。

（3）有线电视网接入。线缆调制解调器（Cable Modem）是近两年开始试用的一种超高速Modem，它利用现有的有线电视（Community Antenna Television，CATV）网传输数据，已是比较成熟的一种技术。Cable Modem集Modem、调谐器、加/解密设备、桥接器、网络接口卡、虚拟专网代理和以太网集线器的功能于一身。它无须拨号上网，不占用电话线，可提供随时在线的永久连接。服务商的设备同用户的Modem之间建立了一个虚拟专网连接，Cable Modem提供一个标准的10BaseT或10/100BaseT以太网接口与用户的PC设备或以太网集线器相连。

4. 网络常见问题和解决方式

目前大多数拨号上网的用户的笔记本电脑安装的都是Windows系统，下面将列出的是一些导致网络缓慢的常见问题及解决方法。

（1）网络自身的问题。可能是要连接的目标网站所在的服务器带宽不足或负载过大。解决办法很简单，换个时间段登录或换个目标网站。

（2）网线问题导致网速变慢。双绞线是由四对线按严格的规定紧密地绞和在一起的，用于减少串扰和背景噪声的影响。若网线不按正确标准（T586A、T586B）制作，将存在很大的隐患。常出现的情况有两种：一是刚开始使用时网速就很慢；二是开始网速正常，但过一段时间后，网速变慢，这在台式计算机上表现非常明显，但使用笔记本电脑检查网速却表现为正常。解决方法为一律按T586A、T586B标准压制网线，在检测故障时不用笔记本电脑代替台式计算机。

（3）网络中存在回路导致网速变慢。在一些较复杂的网络中，经常有多余的备用线路，无意间连上时会构成回路。为避免这种情况发生，在铺设网线时一定要养成良好的习惯，给网线打上明显的标签，有备用线路的地方要做好记载。出现这种情况时，一般采用分区分段逐步排除的方法。

（4）系统资源不足。可能是计算机加载了太多的运用程序在后台运行，解决办法是合理地加载软件或删除无用的程序及文件，将系统资源空出，以达到提高网速的目的。

（四）实验实施

1. ADSL 拨号接入 Internet

下面根据Internet服务提供商（Internet Service Provider，ISP）提供的账号与密码创建一个宽带连接，具体操作如下。

（1）建立拨号连接。打开"网络和共享中心"窗口，通过"设置连接或网络"对话框设置用户名和密码，将计算机连接到Internet并测试Internet连接，如图4-1所示。

微课：ADSL 拨号接入 Internet 的具体操作

（2）断开网络。通过任务栏的"网络"图标断开网络连接。

（3）重新拨号上网。通过"网络"图标打开网络连接列表，选择相应的选项，输入密码，然后重新连接到Internet，如图4-2所示。

2. 无线接入 Internet

下面练习无线接入Internet，具体操作如下。

（1）硬件连接。将电话线接头插入Modem的"LINE"接口，使用网线连接Modem的"LAN"接口和无线路由器的"WLAN"接口，并使用无线路由器的电源线连接电源接口和电源插座，使用网线连接无线路由器的1~4接口中的任意一个接口和计算机主机上的网卡接口，完成硬件设备的连接操作，示意图如图4-3所示。

微课：无线接入 Internet 的具体操作

（2）打开路由器。打开Modem和无线路由器的电源，并启动计算机。打开Edge浏览器，打开路由器的管理界面。

（3）设置路由器。通过"设置向导"设置上网方式为"PPPoE ADSL虚拟拨号"，然后设置账号和密码，再设置无线网络名称和密码，最后重启路由器。

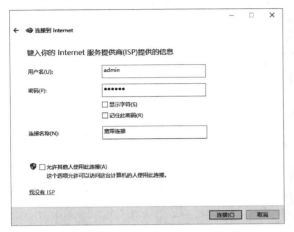

图4-1　建立拨号连接

图4-2　重新拨号上网

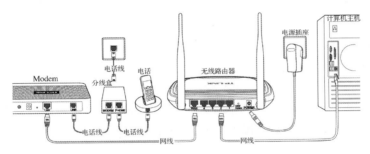

图4-3　无线路由器硬件连接示意图

（4）设置接入无线网络设备的数量。进入路由器的管理界面单击"无线MAC地址过滤"超链接，然后设置MAC地址过滤，再输入MAC地址，最后设置启用过滤，让添加的设备接入无线网络，而其他设备则无法进入该网络。

（5）设置接入无线网络设备的带宽。打开路由器的管理界面，在页面左侧单击"IP带宽控制"超链接，打开"IP带宽控制"页面。先在其中开启IP带宽控制，然后设置控制带宽的IP地址范围，如192.168.1.100～192.168.1.103，再设置带宽大小，如"3000"，最后设置其他行的宽度范围和地址大小。

（6）设置ARP绑定。打开路由器管理界面，在页面左侧单击"IP与MAC绑定"超链接，打开"静态ARR绑定设置"页面，先在其中输入MAC地址和IP地址，然后启用并保存绑定设置。

（7）将计算机连接到无线网络。启动计算机，单击任务栏右下角的"网络"图标选择无线网络，在打开的对话框中输入无线网络登录密码并进行连接，如图4-4所示。

（8）将移动设备连接到网络。打开手机，单击"设置"图标，选择"WLAN"选项，开启WLAN，选择无线网络，输入登录密码，开始验证身份，完成无线网络连接，如图4-5所示。

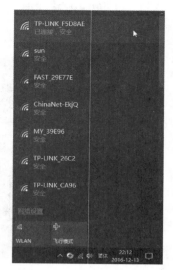

图4-4　将计算机连接到无线网络　　　图4-5　将移动设备连接到网络

3. 使用 Edge 浏览器

Edge浏览器是Windows 10的新功能之一，为用户浏览网页带来了全新的体验。下面将使用Edge进行一系列操作，包括浏览网页、收藏网页、设置浏览器个性化风格等，具体操作如下。

微课：使用
Microsoft Edge
浏览器的具体
操作

（1）通过"地址栏"搜索网页。启动Edge浏览器，在地址栏中输入搜索文本，如"大学计算机"，然后选择相应的内容选项，单击相应的超链接即可查看相应的结果。

（2）通过"地址栏"搜索并下载图片。在"地址栏"输入关键字"春天"，在打开的页面中的搜索框下方单击"图片"超链接，单击需要下载的图片，然后打开图片的源文件，最后将其下载到本地计算机中。

（3）更改地址栏的搜索引擎。在浏览器中单击"更多"按钮，然后选择"设置"选项，再打开"高级设置"面板，在其中设置默认引擎为"百度"，如图4-6所示。

（4）通过"标签页"浏览新网页。在浏览器的选项卡右侧单击"新建标签页"按钮新建一个标签页，在地址栏中输入相应的网址，然后在打开的网页中单击任意一个超链接，设置其在新窗口打开，最后为浏览器设置新标签页打开方式为热门站点，效果如图4-7所示。

（5）使用InPrivate窗口浏览网页以保护个人隐私。在浏览器窗口中单击"更多"按钮，在打开的面板中选择"新InPrivate窗口"选项，打开InPrivate窗口。在地址栏中输入需要浏览的网址，单击"前往"按钮，即可在页面中打开输入网址对应的网页，如图4-8所示。

（6）将网页固定到"开始"菜单中。先打开需要固定到"开始"菜单中的网页，在"更多"面板中选择"将此页固定到'开始'屏幕"选项，然后根据提示进行操作即可，如图4-9所示。

（7）使用"阅读视图"浏览网页以防止广告干扰。打开"设置"面板，设置"阅读视图风格"为中，"阅读视图字号"为小。

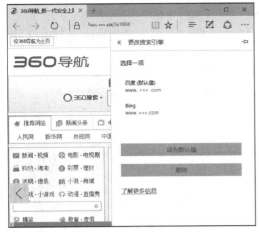

图4-6　更改地址栏的搜索引擎

图4-7　通过"标签页"浏览新网页

（8）添加网页笔记分享给好友。打开需要做笔记的网页，单击"添加笔记"按钮，设置一种笔尖颜色，然后在网页中绘制标记，再设置荧光笔笔尖样式，最后在网页中添加一个注释，并截图保存到收藏夹。

图4-8　使用InPrivate窗口浏览网页以保护个人隐私

图4-9　将网页固定到"开始"菜单中

（9）将常用的网页添加到收藏夹。打开百度首页，单击"收藏"按钮，在打开的面板的"名称"文本框中输入当前网页的名称，在"保存位置"下拉列表中选择"收藏夹栏"选项，单击"添加"按钮。

（10）设置显示收藏夹栏。打开"设置"面板，单击收藏夹栏中的"显示收藏夹栏"开关按钮，使其处于"开"状态。

（11）删除浏览网页过程中的历史记录。在浏览器的窗口中单击"中心"按钮，在打开的面板中单击"历史记录"按钮，切换到"历史记录"选项卡，在"过去1小时"栏右侧单击"删除"按钮；然后使用相同的方法先删除某一网站的历史记录，再清空所有的历史记录。

（12）更改外观颜色。打开"设置"面板，在"选择主题"下拉列表中选择"暗"选项。

（13）设置浏览器默认打开的页面。打开浏览器的"设置"面板，在"Microsoft Edge打开方式"下拉列表中选择"特定页"选项，在其下添加默认打开的页面网站，如"新浪网"。

（14）管理网页中保存的密码。打开浏览器的"高级设置"面板，在其中单击"管理密码"按钮，此时将在打开的面板中显示当前浏览器保存过的网站密码，这里由于没有进行过密码保存，因此显示为空白。

（15）清除历史记录数据以保护隐私。打开"设置"面板，在其中的"清除浏览数据"栏中单击"选择要清除的内容"按钮，在打开的面板中单击选中需要清除数据前的复选框，单击"清除"按钮。

（五）实验练习

1. 配置无线网络

微课：配置无线网络的具体操作

要实现无线上网，需要对无线路由器进行设置，即设置无线网络的名称和连接无线网络的密码，具体操作提示如下。

（1）启动Microsoft Edge浏览器，在地址栏输入路由器的地址"192.168.1.1"（以具体型号的路由器说明为准）并按"Enter"键，打开路由器的登录页面。

（2）输入用户名和密码，单击"登录"按钮，在打开的网页窗口中单击"快速配置"选项卡，打开"设置向导"对话框，单击"下一步"按钮。

（3）打开"接口模式设置"对话框，选择接口和数量，单击"下一步"按钮。

（4）在打开的对话框中设置连接方式为"PPPoE拨号"，然后在相应文本框中输入"宽带账号"和"宽带密码"，单击"下一步"按钮。

（5）打开"无线设置"界面，在"无线名称"和"无线密码"文本框分别输入无线网络的名称和密码，单击"完成"按钮。

（6）设置完成后，单击桌面任务栏通知区域中的网络图标，在打开的界面中将显示计算机搜索到的无线网络，找到设置的无线网络名称，单击展开后选中"自动连接"复选框，单击"连接"按钮，再输入设置的网络安全密钥，单击"下一步"按钮，即可连接网络。

2. 使用网络资源

微课：使用网络资源的具体操作

用户通过网络不仅可以查找需要的信息，还可以搜索常用的办公软件等。下面将使用Microsoft Edge浏览器搜索所需的范文和图片，具体操作提示如下。

（1）启动Microsoft Edge浏览器，在百度首页搜索框中输入关键字，这里输入"通知范文"，单击"百度一下"按钮。

（2）在打开的网页中将显示相关搜索结果，用户可根据文字提示，单击相应的超链接，随之打开新的网页，根据需要再次单击相应的超链接。

（3）用户在新打开的网页中可查看详细内容，选择需要的文字内容，单击鼠标右键，在弹出的快捷菜单中选择"复制"命令，在Word中按"Ctrl+V"组合键将已复制的文字内容粘贴到文档中进行保存或使用。

（4）在网页中的图片上单击鼠标右键，在弹出的快捷菜单中选择"保存图片"命令，打开"另存为"对话框，设置保存位置和文件名，单击"保存"按钮。

实验二　收发与设置电子邮件

（一）实验学时

2学时。

（二）实验目的

◇ 掌握Windows 10中邮件的发送方法。
◇ 掌握网络邮箱的使用方法。

（三）相关知识

1. 认识电子邮箱与电子邮件

电子邮件即"E-mail"，是一种通过网络实现异地之间快速、方便、可靠地传送和接收信息的现代化通信手段。电子邮件是在Internet中传递信息的重要载体之一，它改变了传统的书信交流方式。

发送电子邮件时必须知道收件人的电子邮箱地址。Internet中的每个电子邮箱都有一个全球唯一的邮箱地址。通常，电子邮箱地址的格式为"user@mail.server.name"。其中"user"是收件人的用户账号，"mail.server.name"是收件人的电子邮件服务器名称，"@"（音为"at"）是连接符。如wangfang@163.com，wangfang是收件人的用户账号，163.com是电子邮件服务器的域名，它表示在163.com上有账号为wangfang的电子邮箱，当用户需要发送或收取电子邮件时，就可以登录到邮件服务器上进行操作。

电子邮箱的用户账号是注册时用户自己设置的名字，可使用小写英文、数字、下画线（下画线不能在首尾），不能用特殊字符，如#、*、$、？、^、%等，其字符长度应为4~16。

2. 电子邮件的一些基本操作

使用电子邮件时涉及以下几种基本操作。

（1）回复邮件。阅读完邮件后，单击邮件上方的"回复"按钮，系统将自动在打开的邮件编辑窗口中填写收件人的地址和邮件主题。在邮件正文区中输入邮件内容后，单击"发送"按钮即可回复邮件。如果需要对群发邮件进行全部回复，可单击"回复全部"按钮回复这封邮件的所有收件人。

（2）转发邮件。阅读完邮件后，单击邮件上方的"转发"按钮，系统将自动在打开的邮件编辑窗口的"正文"中引用原邮件的内容，用户在"收件人"文本框中输入收件人地址后，单击"发送"按钮即可转发邮件。

（3）删除邮件。邮箱的空间有限，应定期删除一些不需要的邮件。在相应的邮件列表中单击选中要删除邮件前面的复选框，单击"删除"按钮即可将邮件移动到已删除的邮件列表中。在已删除的邮件列表中单击选中要删除邮件前面的复选框，单击"彻底删除"按钮可将其彻底删除。

（4）群发邮件。若需给多个收件人发送相同的邮件，可使用群发邮件功能。在撰写邮件时，在"收件人"文本框中输入多个收件人的邮箱地址即可。不同的邮箱地址应用分号隔开。

（5）拒收垃圾邮件。在电子邮箱主界面上方选择"设置"/"邮箱设置"命令，在打开的设置编辑窗口中单击"反垃圾/黑白名单"选项卡，在其右侧根据需要设置反垃圾规则、添加黑名单和白名单，完成后单击"保存"按钮。

（四）实验实施

1. 利用 Windows 10 的邮件功能发送邮件

Windows 10自带的"邮件"程序可以满足用户日常的电子邮件发送要求。下面利用Windows 10的邮件功能发送邮件，具体操作如下。

（1）设置邮件账户和签名。通过"开始"菜单启动"邮件"程序，单击"开始使用"按钮，选择账户，然后查看邮箱，再为当前账户设置账户名称，最后设置签名，如图4-10所示。

（2）撰写并发送一封邮件。进入邮件编辑窗口，在收件人地址文本框中输入收件人的地址，然后输入主题内容和邮件内容，并设置文本格式，再将"客户资料.docx"文件以附件的方式添加到邮件中，最后单击"发送"按钮发送邮件，如图4-11所示。

图4-10　设置邮件账户和签名　　　　　　图4-11　撰写并发送一封邮件

（3）添加账户以方便用户快速选择。通过"设置"窗口打开"管理账户"面板，添加一个新账户，类型为"Internet电子邮件"，然后设置相关信息即可。

（4）通过"共享"按钮快速发送邮件。打开任意一张图片，通过"共享"按钮将其作为邮件发送。

2. 利用网页发送电子邮件

除了Windows 10自带的"邮件"程序，用户还可以在诸如网易、腾讯等网站注册邮箱，利用网页发送邮件，具体操作如下。

（1）申请免费邮箱。启动IE浏览器，在地址栏中输入网易邮箱网址，按"Enter"键，打开网易网页。单击"去注册"超链接，在打开的网页中输入个人信息，并填写验证码，单击"立即注册"按钮即可完成注册操作。

（2）登录电子邮箱。打开"网易"网页，在"用户名"和"密码"文本框中输入邮箱地址和注册邮箱时设置的密码，输入完成后单击"登录"按钮。

（3）发送电子邮件。打开写信界面，设置收件人、主题、邮件内容等，单击"发送"按钮，在提示框中设置名称为"月月"，然后保存并发送邮件。

（4）接收并阅读电子邮件。在打开的邮箱界面中单击"收件箱"选项，在打开的收件箱界面可看到未阅读电子邮件的名称列表，单击相应的电子邮件名称，即可打开阅读。

（五）实验练习

微课：发送一封
感谢信邮件的具
体操作

1. 发送一封感谢信邮件

下面使用系统自带的"邮件"程序发送一封感谢信邮件，参考效果如图4-12所示，要求如下。

（1）在"邮件"窗口中单击"新邮件"按钮，在打开的窗口中设置邮件内容，完成后单击"发送"按钮。

（2）返回"邮件"窗口，单击"已发送邮件"选项，在右侧窗口中查看已经发送过的邮件。

图4-12　发送一封感谢信邮件

2. 利用Outlook 2016管理邮件

微课：利用
Outlook 2016管理
邮件的具体操作

Outlook是微软办公软件套装的组件之一，它对Windows自带的Outlook Express的功能进行了扩充。Outlook的功能很多，可以用它收发电子邮件、管理联系人信息、记日记、安排日程、分配任务等。下面利用Outlook 2016来管理邮件，参考效果如图4-13所示，要求如下。

（1）在"开始"菜单中单击"Microsoft Office Outlook 2016"选项，启动Microsoft Office Outlook 2016，通过向导设置邮箱的相关信息和账号。

（2）完成邮箱配置操作后将显示Outlook 2016启动界面，并显示程序加载进度。

（3）进入"收件箱"窗口后，在"开始"选项卡的"新建"面板中，单击"新建电子邮件"按钮，可新建邮件，也可对邮箱中的邮件进行管理。

图4-13　利用Outlook 2016管理邮件

实验三　搜索网络资源

（一）实验学时

2学时。

（二）实验目的

◇　了解搜索引擎的相关知识。
◇　掌握搜索资源的方法。

（三）相关知识

1. 什么是搜索引擎

搜索引擎是根据一定的策略、运用特定的计算机程序从Internet上搜集所需的信息，对信息进行组织和处理后，为用户提供检索服务，并将检索的相关信息展示给用户的系统。对于普通用户来说，搜索引擎会提供一个包含搜索框的页面，用户在搜索框中输入要查询的内容后通过浏览器提交给搜索引擎，搜索引擎将根据用户输入的内容返回相关内容的信息列表。搜索引擎一般由搜索器、索引器、检索器、用户接口组成。

2. 设置多个关键词搜索

通过关键词搜索是用户常用的搜索方式，而且所有的搜索引擎都支持关键词搜索。关键词的描述越具体越好，否则搜索引擎将反馈大量无关的信息。在使用关键词时，关键词应尽量是一个名词、一个短语或短句，也可使用多个关键词（不同字词之间用一个空格隔开）缩小搜索范围，使搜索结果更精确。

例如，只输入关键词"手机"，其搜索结果将显示与手机相关的多条信息，但不够精确；若输入两个关键词"手机"和"联想"，则其搜索结果将只显示与联想手机相关的信息。

3. 高级语法搜索

为了更精确地获取搜索目标，百度还支持一些高级语法搜索，如将搜索范围限定在特定的网页或网站的指定范围，限定搜索结果的文档格式等。

（1）把搜索范围限定在网页标题中。网页标题通常是对网页内容提纲挈领式的归纳。把搜索范围限定在网页标题中，就是把查询内容中特别关键的部分用"intitle:"连接起来，且"intitle:"和后面的关键词之间不能有空格。例如查找李白的诗词，可以输入"诗词intitle:李白"。

（2）把搜索范围限定在特定站点中。如果用户知道某个站点中有需要查找的内容，就可以把搜索范围限定在这个站点中，以提高查询效率。把搜索范围限定在这个站点中，就是在查询内容的后面加上"site:站名"，且"site:"和站名之间不能有空格，其后的站名也不要带"http://"。例如使用天空网下载360安全卫士的最新版本，就可以输入"360安全卫士site:sky**.com"。

（3）把搜索范围限定在url链接中。网页url中的某些信息有时也是很有价值的。把搜索范围限定在url链接中，就是在"inurl:"后加上需要在url中出现的关键词，且"inurl:"和后面的关键词之间不能有空格。例如查找网页制作技巧，就可以输入"网页制作inurl:技巧"。

（4）把搜索范围限定在指定文档格式中。很多有价值的资料，有些以普通网页的形式存在，有些则以Word、PowerPoint、PDF等格式存在。百度支持对Office文档（包括Word、Excel、PowerPoint）、Adobe PDF文档、RTF文档进行全文搜索。因此要搜索这类文档，只需在查询词后加上"filetype:文档格式"将搜索范围限定在指定的文档格式中即可。该类搜索支持的文档格式有pdf、doc、xls、ppt、rtf等，如输入"photoshop实用技巧filetype:doc"。

4. 搜索技巧

要在海量的网络资源中精确查找所需的信息，首先应根据需求选择拥有相应功能优势的搜索引擎，然后可使用相应的搜索技巧。下面列出几种基本的搜索技巧。

（1）使用多个关键词。单一关键词的搜索效果总是不太令人满意，一般使用多个关键词的搜索效果会更好，但应避免大而空的关键词。

（2）改进搜索关键词。有些用户搜索一次后，若没有返回自己想要的结果便放弃继续搜索。其实经过一次搜索后，通常返回的结果中都会有一些有价值的内容。因此用户可先设计一个关键词进行搜索，若搜索结果中没有满意的结果，可从搜索结果页面寻找相关信息，并再次设计一个或多个更精准的关键词进行搜索，这样重复搜索后，即可设计出更适合的关键词，并得到较满意的搜索结果。

（3）使用自然语言搜索。进行搜索时，与其输入不合语法的关键词，不如输入一句自然的提问，如输入"搜索技巧"的效果就不如输入"如何提高搜索技巧？"。

（4）小心使用布尔符。大多数搜索引擎都允许使用布尔符（and、or、not）限定搜索范围，使搜索结果更精确。但布尔符在不同搜索引擎中的使用方法略有不同，且使用布尔符时，可能会错过许多其他的影响因素。因此使用布尔符时应该明确在某一个搜索引擎中是如何使用布尔符的，确定不会用错，否则最好不要使用。

（5）分析并判断搜索结果。要准确地获取所需的搜索信息，除了设计合理的搜索请求外，还应对搜索结果的标题和网址进行分析判断。某些网站为了特殊的目的，用热门的信息或资源引诱用户点击，但会在页面中植入广告或病毒，因此学会对搜索结果进行甄别，选择一个准确可信的搜索结果非常重要。建议选择官网或信誉好的门户网站。评估网络内容的质量和权威性是搜索者必须掌握的技巧。

（6）培养适合自己的搜索习惯。搜索也是一种需要大量实践的技能。用户应多多练习，学会思考、学会总结，培养适合自己的高效的搜索习惯，提高搜索技能。

（四）实验实施

1. 简单搜索

百度的搜索结果是以超链接和链接说明的形式提供的，用户可以通过对比来选择最适合的搜索结果，单击符合内容的超链接进行详细浏览。下面在"百度"搜索引擎中搜索"风景"图片，具体操作如下。

（1）打开"百度"搜索引擎，在搜索框内输入"风景"，单击"图片"超链接，如图4-14所示。

微课：简单搜索的具体操作

（2）在打开的"图片"搜索模块页面的右上角单击"全部尺寸"按钮，在弹出的下拉列表中选择"大尺寸"选项。

（3）在"图片"搜索模块页面的"相关搜索"栏右侧选择"夏天风景"超链接，完成智能检索。

（4）在网页中将列出符合条件的搜索结果，对比并选择所需的搜索内容，如单击第一个图片超链接后的效果如图4-15所示。

图4-14　输入关键词

图4-15　查看搜索结果

2. 全文索引

全文索引是目前被广泛应用的搜索引擎，如百度等。它通过从Internet上提取的各个网站的信息（以网页文字为主）建立的数据库中，检索与用户查询条件相匹配的相关记录，然后按一定的排列顺序将查找结果反馈给用户。下面利用"百度"搜索引擎搜索HTC One系列手机的相关资料，具体操作如下。

（1）启动IE浏览器，在打开的起始主页"好123"中单击"百度"搜索引擎的网址超链接，也可直接在地址栏中输入"百度"搜索引擎的网址。

（2）在打开的"百度"搜索引擎的搜索框中输入用户的搜索条件，这里输入文本"HTC One系列手机"。在搜索框的下方将显示与输入内容相同或相似的项目，此时可直接选择下方的相关项目，完成后单击"百度一下"按钮。

（3）在打开的网页中将列出与搜索内容相关的网站信息，这里直接在列出的ZOL中关村在线网站信息中单击"One 802w/双卡/联通版"超链接。

（4）在打开的网页中即可看到搜索项的相关内容和信息。若需查看该手机的其他具体信息，可选择上方的选项卡进行查看，如"报价""图片""参数"等选项卡。

3. 目录索引

使用目录索引无须输入任何文字，只要根据网站提供的主题分类目录，即可查找到所需的网络信息资源。新浪、网易搜索都属于目录索引。下面利用"新浪"搜索引擎搜索奥迪A8的相关资料，具体操作如下。

（1）在起始主页"好123"中单击"新浪"超链接。

（2）在打开的"新浪"首页上方的导航栏中单击需要浏览信息的类别，这里单击"汽车"超链接。

（3）在打开的网页中找到与搜索项相关的分类项目，这里将光标移动到"大型车"分类项目下，在其中单击"奥迪A8"超链接。

（4）在打开的网页中即可看到搜索项的相关内容和信息。

4. 垂直搜索

垂直搜索具有保证信息的收录齐全与更新及时、深度好、检出结果重复率低、相关性强、查准率高等优点，如淘宝、去哪儿、搜房等都属于此类网站。下面利用去哪儿网搜索从成都到上海的机票，具体操作如下。

（1）在浏览器的地址栏中输入去哪儿网的网址，按"Enter"键，打开该搜索引擎的网页。

（2）直接在"机票"选项卡的页面中单击选中"往返"单选钮，单击"出发"文本框右侧的下拉按钮，在打开的列表框中选择"成都"选项；单击"到达"文本框右侧的按钮，在打开的列表框中选择"上海"选项。

（3）单击"日期"文本框右侧的下拉按钮，在打开的列表框中选择起始日期，这里选择5月28日；单击"日期"文本框右侧的下拉按钮，在打开的列表框中选择返回日期，这里选择5月31日。完成后单击"立即搜索"按钮，如图4-16所示。

（4）在打开的网页中将显示搜索到的所有符合设置条件的信息，如图4-17所示。

图 4-16　设置搜索内容

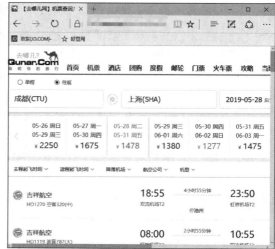

图 4-17　查看结果

（五）实验练习

1. 使用搜索引擎进行简单搜索

下面选择"百度"搜索引擎搜索"足球"，要求如下。

（1）打开"百度"搜索引擎，在搜索框内输入"足球"，单击"百度一下"按钮。

（2）在打开的网页中将显示与"足球"相关的各类网站信息，用户可根据需要单击所需的超链接查看信息。

微课：使用搜索引擎简单搜索的具体操作

2. 使用搜索引擎进行精确搜索

为了使搜索结果更精确，提高搜索效率，下面在"百度"搜索引擎中设置高级搜索功能，要求如下。

（1）在上面打开的搜索页面的右上角单击"高级搜索"超链接，或在地址栏中输入百度高级搜索的网址。

（2）在打开的网页中将根据设置的高级搜索功能列出更符合用户要求的搜索结果，这里单击"世界杯足球直播网"超链接。

微课：使用搜索引擎精确搜索的具体操作

（3）在打开的网页中即可查看与搜索内容相关的信息，也可在网页上方的导航条中单击相应的超链接详细查看每个标题下的具体信息。

第5章
文档编辑软件Word 2016

配套教材的第5章主要讲解了使用Word 2016制作文档的操作方法，本章将介绍文档创建与编辑、文档排版、表格制作和图文混排4个实验任务。通过对这4个实验任务的练习，学生可以掌握利用Word 2016完成相关文档制作的方法。

实验一　文档的创建与编辑

（一）实验学时

2学时。

（二）实验目的

◇ 掌握文档的基本操作。
◇ 掌握设置字体格式和段落格式的方法。
◇ 掌握Word 2016文本的编辑操作。

（三）相关知识

1．Word 2016 的文档操作

Word中的文档操作主要包括新建文档、保存文档、打开文档、关闭文档等。

（1）新建文档。新建文档主要可分为新建空白文档和根据模板新建文档两种方式，其中新建空白文档可通过"新建"命令、快速访问工具栏、快捷键3种方式来实现；根据模板新建文档可选择"文件"/"新建"命令，在界面右侧选择样本模板进行创建即可。

（2）保存文档。在Word 2016中保存文档的方法可分为保存新建的文档、另存文档和自动保存文档3种，其中保存新建的文档主要可通过"保存"命令、快速访问工具栏、快捷键3种方式来实现；另存文档需要选择"文件"/"另存为"命令，在打开的"另存为"窗口中按保存文档的方法操作；自动保存文档需要选择"文件"/"选项"命令，打开"Word选项"对话框，选择左侧列表框中的"保存"选项，在其中进行相应设置。

（3）打开文档。打开文档可通过"打开"命令、快速访问工具栏、快捷键3种方式来

实现。

（4）关闭文档。关闭文档可选择"文件"/"关闭"命令。

2. Word 2016 的文本编辑

创建文档或打开一篇文档后，可对文档内容进行编辑，主要操作有输入文本、选择文本、插入与删除文本、移动与复制文本，以及查找与替换文本等。

（1）输入文本。输入文本时，鼠标指针移至文档中需要输入文本的位置，单击定位插入点，然后输入文本即可。

（2）选择文本。在Word中选择文本主要包括选择单个文本、选择单词文本、选择一行文本、选择一段文本、选择一页文本和全选文本几种。

（3）插入文本。在默认状态下，直接在插入点处输入文本，即可在当前插入点处添加文本。

（4）删除文本。删除文本操作主要可通过按"BackSpace"键或"Delete"键来实现。

（5）移动和复制文本。移动和复制文本操作主要可通过右键快捷菜单、操作按钮、快捷键和拖动文本4种方式来实现。

（6）查找与替换文本：在"开始"/"编辑"组中单击"替换"按钮，或按"Ctrl+H"组合键，打开"查找和替换"对话框，在其中进行相应的设置即可。

（四）实验实施

1. 制作"请示"文档

制作请示类文档是比较常见的日常工作，下面通过新建文档的方法制作一个"请示"文档，具体操作如下。

微课：制作"请示"文档的具体操作

（1）新建文档。Word提供了多种新建文档的方法，可任选一种新建一个空白文档，这里通过"文件"/"新建"命令创建。

（2）保存文档。通过"文件"/"保存"命令将文档以"请示"为名称进行保存。

（3）输入文本。在文档编辑区单击定位插入点，输入需要的文本，然后按"Enter"键换行，继续输入文本，完成"请示"文档的文字输入，如图5-1所示。

（4）插入日期和时间。通过"插入"/"文本"组的"日期和时间"按钮输入请示的日期。

（5）输入符号。将插入点定位到"15万元"文本前，然后通过"符号"对话框输入"¥"符号。

（6）设置字体和字号。选择第1行文本，设置字体为"黑体"，字号为"二号"，其他行文本样式为"宋体""小四号"，效果如图5-2所示。

（7）设置加粗效果。选择"集团公司："文本，为其添加加粗效果。

（8）设置字符间距。选择标题文本，在"字体"对话框中设置字符间距为"加宽、2磅"。

（9）设置对齐方式。设置标题文本为居中对齐，落款和日期为右对齐，效果如图5-3所示。

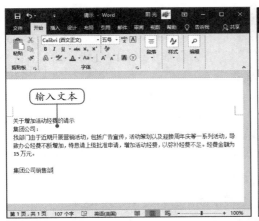

图5-1 输入文本

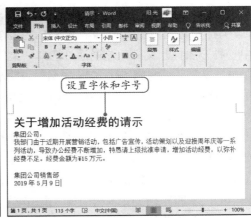

图5-2 设置字体和字号

（10）设置段落缩进。选择正文内容，将段落格式设置为"首行缩进2字符"，效果如图5-4所示。

图5-3 设置对齐方式

图5-4 设置段落缩进

（11）设置间距。设置标题文本的段后间距为"2行"，正文文本的行间距为"固定值25磅"，落款的段后间距为"2行"，效果如图5-5所示。

（12）添加项目符号和编号。在正文后面输入有关经费具体项目的文本内容，为其定义编号格式，然后继续在下面输入费用相关的文本，并为其定义项目符号，完成后的效果如图5-6所示（效果\第5章\实验一\请示.docx）。

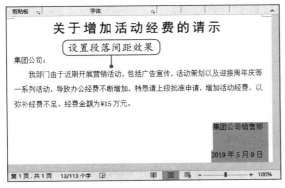

图5-5 设置间距

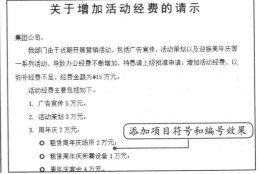

图5-6 添加项目符号和编号

2. 制作"岗位说明书"文档

岗位说明书是办公人员工作中需要制作的文档，下面通过已有的素材文件制作一个"岗位说明书"文档，具体操作如下。

（1）打开文档。在Word中打开文档的方法有很多，可根据使用习惯选择其中一种方法打开文档，这里通过选择"文件"/"打开"命令来打开"岗位说明书"文档（素材\第5章\实验一\岗位说明书.docx）。

（2）选择文本。打开"岗位说明书"文档后，练习选择单个文本、选择单词文本、选择一行文本、选择一段文本、选择一页文本和全选文本。

（3）复制文本。将"职责一"段落文本复制到"职责二"段落的下方，效果如图5-7所示。

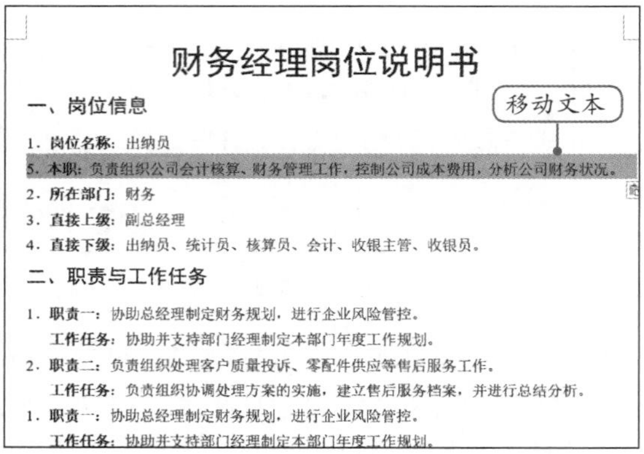

（4）移动文本。移动文本可通过剪切文本和拖动文本来实现，这里通过剪切文本的方式将文档中的"本职"相关文本剪切到"岗位名称"段落的下方，效果如图5-8所示。

（5）查找和替换文本。统一查找文档中的"协调"文本，然后将其替换为"协助"文本。

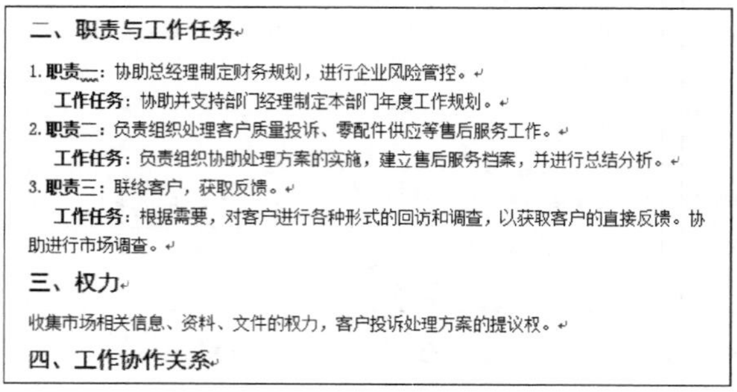

（6）改写文本。对步骤（3）复制的文本进行改写，效果如图5-9所示。

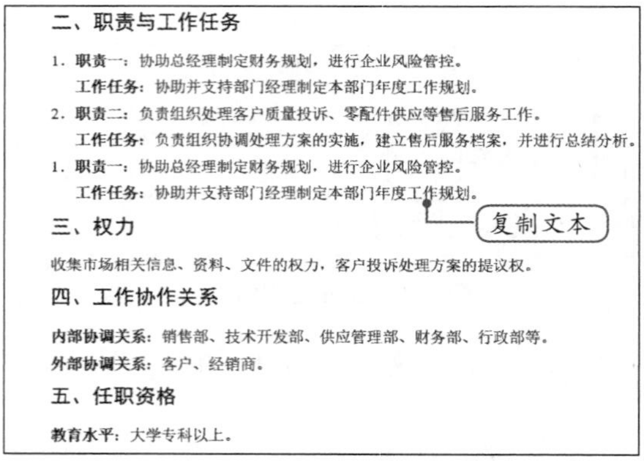

微课：制作"岗位说明书"文档的具体操作

图5-7 复制文本

图5-8 移动文本

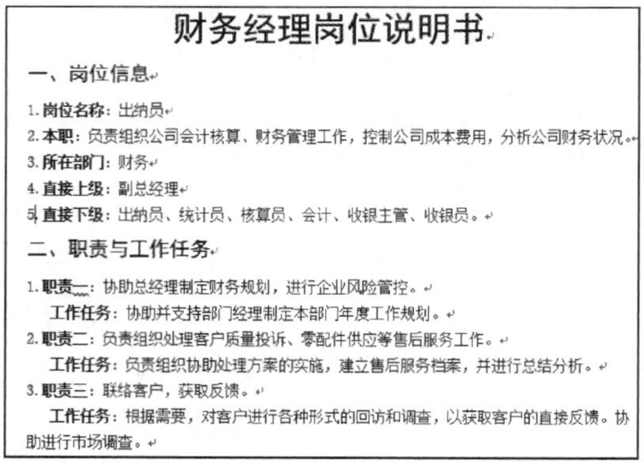

（7）删除文本。将"岗位名称"段落下方的4小点前的数字文本删除，然后再依次输入数字，效果如图5-10所示（效果\第5章\实验一\岗位说明书.docx）。

图5-9 改写文本

图5-10 删除文本

（五）实验练习

1. 编辑"商业广告"文档

打开"商业广告"素材文档（素材\第5章\实验一\商业广告.docx），对文档进行编辑，参考效果如图5-11所示，要求如下。

微课：编辑"商业广告"文档的具体操作

图5-11 "商业广告"文档参考效果

（1）设置第一行文本的样式为黑体、初号、蓝色、居中、下标效果。

（2）设置第二行文本的样式为隶书、一号、居中，设置第一段文本格式为带字符底纹、小三号、首行缩进2字符。

（3）为其后的文本添加项目符号，并设置段落间距为"1.5倍间距"，设置字号为"小四号"（效果\第5章\实验一\商业广告.docx）。

2. 编辑"邀请函"文档

打开"邀请函"素材文档（素材\第5章\实验一\邀请函.docx），对文档进行编辑，参考效果如图5-12所示，要求如下。

微课：编辑"邀请函"文档的具体操作

（1）设置标题样式为方正中雅宋简体、黑色、小初，正文格式为宋体、小三号。

（2）对文本进行复制和移动操作。

（3）为页面设置边框和底纹效果（效果\第5章\实验一\邀请函.docx）。

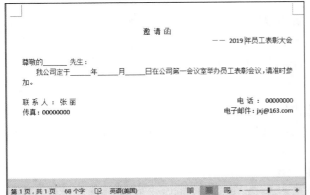 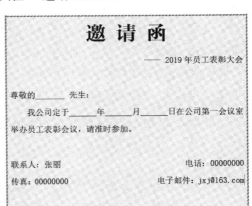

图5-12 "邀请函"文档参考效果

实验二　文档排版

（一）实验学时

2学时。

（二）实验目的

◇　熟悉特殊格式的设置方法。

◇　掌握边框与底纹的设置方法。

◇　掌握封面、目录、页眉页脚的设置方法。

◇　掌握样式和模板的使用方法。

（三）相关知识

1．使用格式刷

选择设置好样式的文本，在"开始"/"剪贴板"组中单击"格式刷"按钮，将鼠标指针移动到文本编辑区，当指针呈 ▲I 形状时，按住鼠标左键拖动即可对选择的文本应用样式，或单击"格式刷"按钮，将鼠标指针移动至某一行文本前，当指针呈 ◢ 形状时，单击即可为该行文本应用文本样式。

2．样式

（1）新建样式。在"开始"/"样式"组中单击"样式"下拉列表框右侧的下拉按钮，在打开的下拉列表中选择"创建样式"选项，打开"根据格式设置创建新样式"对话框，在"名称"文本框中输入样式的名称，单击"确定"按钮。

（2）应用样式。将文本插入点定位到要设置样式的段落中或选择要设置样式的字符或词组，在"开始"/"样式"组中单击"样式"下拉列表框右侧的下拉按钮，在打开的下拉列表中选择需要应用的样式对应的选项即可。

（3）修改样式。在"开始"/"样式"组中单击"样式"列表框右侧的下拉按钮，在打开的下拉列表中的样式选项上单击鼠标右键，在弹出的快捷菜单中选择"修改"命令，此时将打开"修改样式"对话框，在其中可重新设置样式的名称和格式。

3．模板

（1）新建模板。打开想要作为模板使用的Word文档，然后打开"另存为"对话框，设置好文件名后，在"保存类型"下拉列表中选择"Word模板（*.dotx）"选项，最后单击"保存"按钮即可。

（2）套用模板。选择"文件"/"新建"命令，单击右侧"新建"列表中的"个人"标签，该选项卡中显示了可用的模板信息，单击要套用的模板名称即可在Word中快速新建一个与模板样式一模一样的文档。

4. 特殊格式设置

（1）首字下沉。选择要设置首字下沉的段落，在"插入"/"文本"组中单击"首字下沉"按钮，在打开的下拉列表中选择所需的样式即可。

（2）带圈字符。选择要设置带圈字符的单个文字，在"字体"组中单击"带圈字符"按钮，在打开的"带圈字符"对话框中设置字符的样式、圈号等参数即可。

（3）双行合一。选择文本后，在"开始"/"段落"组中单击"中文版式"按钮右侧的下拉按钮，在打开的下拉列表中选择"双行合一"选项，打开的"双行合一"对话框。在对话框中进行相应的设置，单击"确定"按钮即可。

（4）给中文加拼音。在"开始"/"字体"组中单击"拼音指南"按钮，打开"拼音指南"对话框。在"基准文字"下方的文本框中显示要添加拼音的文字，在"拼音文字"下方的文本框中显示基准文字栏中对应的拼音，在"对齐方式""偏移量""字体""字号"列表框中可调整拼音，在"预览"框中可预览设置后的效果。

（四）实验实施

1. 制作"活动安排"文档

在制作活动安排类型的文档时，可以将版式制作得灵活一些，如设置特殊格式、添加边框和底纹等，目的是引起读者的兴趣，使其关注文档的内容。下面制作一个"活动安排"文档，具体操作如下。

微课：制作"活动安排"文档的具体操作

（1）设置首字下沉。打开"活动安排.docx"文档（素材\第5章\实验二\活动安排.docx），通过"首字下沉"对话框设置正文第一个文本"下沉2行"，字体为"方正综艺简体"，距正文0.2厘米，颜色为红色。

（2）设置带圈字符。先将标题文本样式设置为方正综艺简体、二号、居中，然后在"带圈字符"对话框中依次将标题中的各个文本格式设置为"增大圈号"，圈号为"菱形"的带圈字符样式。

（3）设置双行合一。选择第二行的日期文本，通过"双行合一"对话框设置样式为"[]"的双行合一效果，并调整文字排列效果，将字号修改为"四号"，效果如图5-13所示。

（4）设置分栏。选择除第1段外的其他正文文本，通过"行和段落间距"按钮设置段间距为1.15，然后将编号为（1）和（2）的两段文本分为两栏排版，通过"Enter"键调整分栏，效果如图5-14所示。

（5）设置合并字符。将最后一行文本右对齐，然后选择"满福记食品"文本，通过"合并字符"对话框设置字符格式为方正综艺简体、12磅。

（6）设置字符边框。为第（5）步合并字符后的文本添加字符边框，效果如图5-15所示。

（7）设置段落边框。分别为"一""二""三""四"这4段文本添加段落边框，边框样式为第4种虚线、绿色、上边框线和左边框线。

（8）设置字符底纹。为"促销时间"后方的文本添加字符底纹。

（9）设置段落底纹。分别为添加了段落边框的段落添加底纹效果，底纹样式为黄色、5%图案，效果如图5-16所示（效果\第5章\实验二\活动安排.docx）。

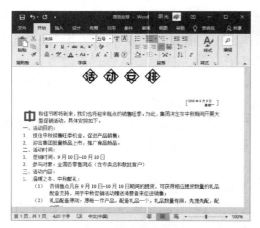

图5-13　设置双行合一

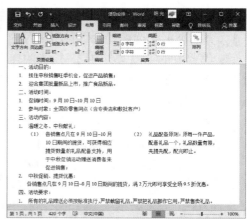

图5-14　设置分栏

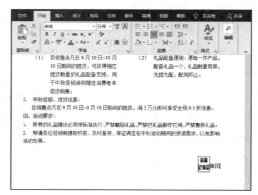

图5-15　设置字符边框

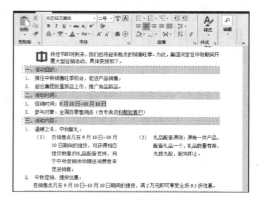

图5-16　设置段落底纹

2. 排版"公司招聘计划"文档

下面对"公司招聘计划"文档进行美化排版，使其符合企业长文档排版的要求，具体操作如下。

微课：排版"公司招聘计划"文档的具体操作

（1）设计封面底图。打开"招聘计划.docx"素材文档（素材\第5章\实验二\招聘计划.docx），在文档开始处插入"背景.jpg"图片（素材\第5章\实验二\背景.jpg），为其设置自动换行，衬于文字下方显示，然后调整图片大小，使其与页面等宽。用同样的方法再插入一张图片（素材\第5章\实验二\背景1.jpg），并调整其排列方式、大小及位置。

（2）设计封面文字。在第1页中插入样式为"渐变填充:蓝色，主题色5:映像"的艺术字，修改文本为"招聘计划"，并设置文本样式为方正中雅宋简、60磅、加粗；然后在该艺术字上方插入一行艺术字，文本为"2019年度"，文本样式为黑体、22磅，再在文档左下角添加一行文本"北京顺展科技有限公司"，文本样式为黑体、28磅、加粗；最后在下方添加一行文本（英文公司名称），文本样式为Calibri、20磅，完成效果如图5-17所示。

（3）插入目录。在第2页中插入样式为"自动目录1"的目录，修改"目录"文本的样式，在文档中为一级标题和二级标题输入编号，然后更新目录。

（4）编辑目录。修改一级目录样式为黑体、四号，二级目录样式为黑体、五号，效果如图5-18所示。

图5-17　设计封面文字

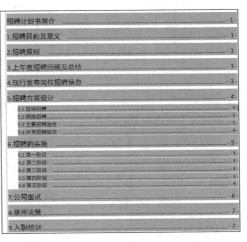

图5-18　更新目录

（5）插入分隔符。在第2页文本的末尾处插入一个分页符，效果如图5-19所示。

（6）插入页眉和页脚。插入一个空白的页眉，在页眉处输入公司文本，文本样式为汉仪长美黑简、小五号、左对齐，并添加"公司标志"图片（素材\第5章\实验二\公司标志.jpg）到名称左侧；然后设置偶数页页眉为"招聘计划"，文本样式为汉仪长美黑简、小五号、右对齐；最后设置页脚为"团结拼搏 奋斗 向上"，文本样式为汉仪长美黑简、小五号、居中对齐，效果如图5-20所示。

（7）插入题注。为第3页的第一个表格添加题注，内容为"表格1-公司现有人员"，位置为"所选项目上方"。使用相同的方法为其他表格添加相应的题注，效果如图5-21所示。

（8）插入脚注和尾注。在第2页插入一个内容为"根据公司发展，公司需每年制订招聘计划"的脚注；然后为"招聘效果统计分析"下方的文本添加尾注，内容为"招聘信息将在智联招聘网公布"，效果如图5-22所示（效果\第5章\实验二\招聘计划.docx）。

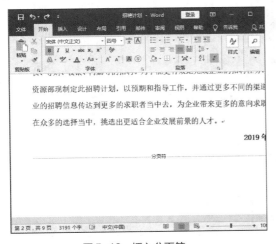

图5-19　插入分页符

图5-20　插入页眉和页脚

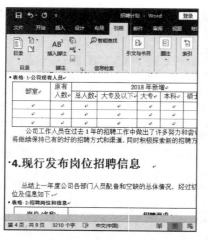

图5-21　插入题注

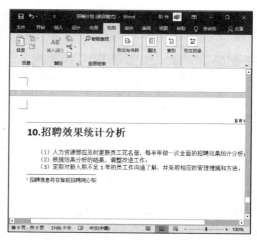

图5-22　插入脚注和尾注

3. 使用模板和样式制作"公司公文"

下面使用模板和样式来制作有关"董事会决议"的公司公文，具体操作如下。

（1）创建模板文件。新建一个名称为"公司公文"的文档，保存类型为"Word模板"的模板，在其中输入名称和编号文本，绘制一条样式为红色、3磅的直线。

（2）编辑模板内容。从第4行依次输入"董事决议""时间""地点""与会董事""议题""决议""董事签章"等文本，插入一个4行2列的表格，合并第1、2行单元格，调整行高；然后输入相关文本，再设置表格无外边框，只有第2、3行有水平边框线，效果如图5-23所示。

（3）新建"公司名称"样式。为第1行文本创建样式，样式名称为"公司名称"，样式为宋体、初号、加粗、红色、字符间距1磅、段后间距1行，快捷键为"Ctrl+1"组合键，如图5-24所示。

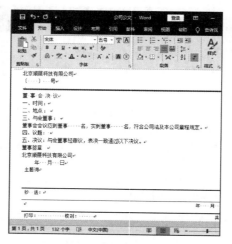

图5-23　编辑模板内容

图5-24　新建"公司名称"样式

（4）创建其他样式。新建一个名称为"编号"的样式，样式为仿宋、三号、加粗、居中对齐，快捷键为"Ctrl+2"；再创建一个名称为"文档标题"样式，样式为黑体、小二号、加粗、居中对齐，快捷键为"Ctrl+3"；最后创建"文档正文"样式，样式为宋体、四号、首行缩进2字符、1.5倍行距，快捷键为"Ctrl+4"，效果如图5-25所示。

（5）应用样式。打开"应用样式"窗格，为文本应用相应的样式，效果如图5-26所示（效果\第5章\实验二\公司公文.dotx）。

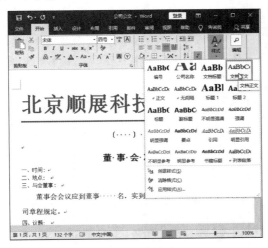

图5-25　创建样式

图5-26　应用样式

（五）实验练习

1. 编辑"公司新闻"文档

打开"公司新闻"素材文档（素材\第5章\实验二\公司新闻.docx），对文档进行编辑，参考效果如图5-27所示，要求如下。

微课：编辑"公司新闻"文档的具体操作

（1）选择第2段和第3段文本，为其分栏；为文档开始处的"2019"文本设置首字下沉。

（2）为文档标题中的"17"文本设置带圈字符，为日期文本设置"双行合一"，为第2行标题中的"云帆公司"文本设置合并字符。

（3）为文档标题插入特殊符号，并为文档页面设置边框和背景（效果\第5章\实验二\公司新闻.docx）。

2. 排版"公司制度"文档

打开"公司制度"素材文档（素材\第5章\实验二\公司制度.docx），对文档进行编辑，参考效果如图5-28所示，要求如下。

微课：排版"公司制度"文档的具体操作

（1）创建一级标题的样式，设置文本格式为华文行楷、二号、加粗、红色、居中、2倍行距。

（2）创建二级标题的样式，设置文本格式为宋体、三号、加粗。

（3）为文本应用创建的样式。

（4）为正文设置格式，并为相应的段落添加编号和项目符号（效果\第5章\实验二\公司制度.docx）。

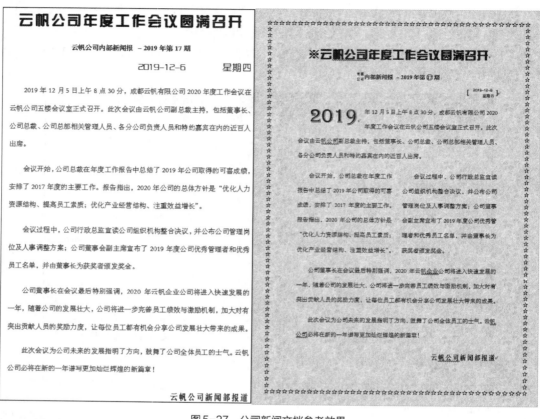

图5-27 公司新闻文档参考效果

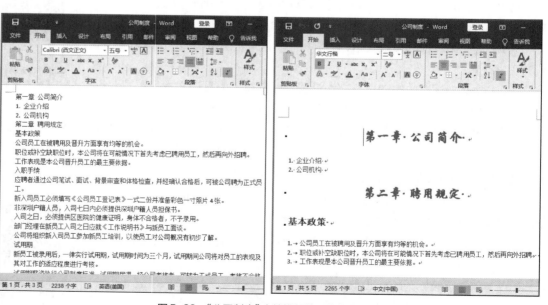

图5-28 "公司制度"文档排版前后的参考效果

实验三 表格制作

（一）实验学时

1学时。

（二）实验目的

◇ 掌握使用Word 2016创建并编辑表格的方法。

◇ 掌握使用Word 2016美化表格的方法。

（三）相关知识

1. 创建表格的方法

在Word 2016中创建表格主要有插入表格和绘制表格两种方法。

（1）插入表格。插入表格主要有快速插入表格和通过对话框插入表格两种方法，都是在"插入"/"表格"组中单击"表格"按钮，在打开的下拉列表中进行设置的。

（2）绘制表格。单击"表格"按钮，在打开的下拉列表中选择"绘制表格"选项，此时光标变为笔头形状，拖动鼠标即可在文档编辑区绘制表格外边框，还可在表格内部绘制行列线。

2. 编辑表格

（1）选择表格。编辑表格前需要先选择表格，主要操作包括选择单个单元格、选择连续的多个单元格、选择不连续的多个单元格、选择行、选择列、选择整个表格。

（2）布局表格。布局表格主要包括插入、删除、合并和拆分等内容。其布局方法为选择表格中的单元格、行或列，在"表格工具 布局"选项卡中利用"行和列"组与"合并"组中的相关参数进行设置即可。

3. 设置表格

对于表格中的文本而言，可按设置文本和段落格式的方法对其格式进行设置。此外，还可对数据对齐方式、表格样式、边框和底纹等进行设置。

（1）设置数据对齐方式。选择需设置对齐方式的单元格，在"表格工具 布局"/"对齐方式"组中单击相应的按钮，或选择单元格后，在其上单击鼠标右键，在弹出的快捷菜单中选择"单元格对齐方式"命令，在弹出的子菜单中单击相应的按钮也可设置单元格的对齐方式。

（2）设置行高和列宽。练习通过拖动鼠标设置和精确设置两种操作。

（3）设置边框和底纹。分别在"边框"组和"表格样式"组中单击相应的按钮进行设置。

（4）套用表格样式。使用Word 2016提供的表格样式，可以简单、快速地完成表格的设置和美化操作。套用表格样式的方法：选择表格，在"表格工具 设计"/"表格样式"组中单击右下方的下拉按钮，在打开的列表中选择所需的表格样式即可将其应用到所选表格中。

4. 将表格转换为文本

单击表格左上角的"全部选中"按钮![](选择整个表格，然后在"表格工具-布局"/"数据"组中单击"转换为文本"按钮，打开"表格转换成文本"对话框。在其中选择合适的文字分隔符，单击"确定"按钮，即可将表格转换为文本。

（四）实验实施

1. 创建并编辑"个人简历"表格

简历类文档通常采用表格的形式进行排版，以使条理更加清晰。下面创建个人简历文档，并在其中创建、编辑表格，具体操作如下。

微课：创建并编辑"个人简历"表格的具体操作

（1）插入表格。新建一个名为"个人简历"的空白文档，在其中插入一个8行2列的表格。

（2）插入行和列。在第2行单元格下方插入5个空白行，在第2列单元格右侧插入一列单元格，效果如图5-29所示。

（3）合并单元格。先合并第1行单元格，再分别合并第6、9、12行单元格，最后在合并后的单元格中输入相关的文本，如图5-30所示。

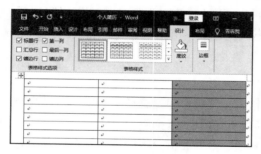

图5-29　插入行和列

图5-30　合并单元格

（4）拆分单元格。将第2行、第3行的第1列单元格拆分为3列，再继续使用合并与拆分单元格的方式修改表格，并输入相关文本，效果如图5-31所示。

（5）设置行高。设置表格的行高为"0.8厘米"，再手动增加第1行单元格的行高，效果如图5-32所示。

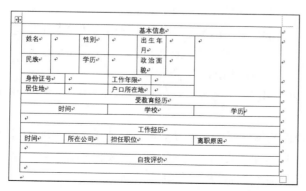

图5-31　拆分单元格

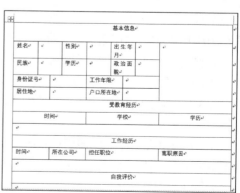

图5-32　调整行高

2. 美化"个人简历"表格

基本表格制作完成后，可对表格进行美化设计。下面美化刚刚制作的"个人简历"表格，具体操作如下。

（1）应用表格样式。为表格应用"网格表1浅色-着色2"样式。

（2）设置对齐方式。设置表格文本上下居中对齐，设置倒数第4行平均分布列，如图5-33所示。

（3）设置边框和底纹。为表格外边框添加"双实线，1/2pt着色2"样式的主题边框，然后为表格第1行和倒数第2行、第5行、第8行设置底纹样式为"橙色，个性色6，淡色60%"，最后在文档开始处输入标题，并设置文本格式为黑体、四号、居中对齐。调整行高，效果如图5-34所示（效果\第5章\实验三\个人简历.docx）。

微课：美化"个人简历"表格的具体操作

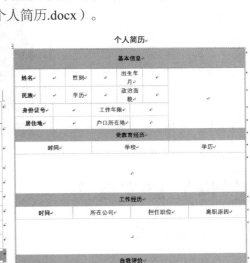

图5-33　设置对齐方式　　　　图5-34　设置表格边框和底纹

（五）实验练习

1. 制作"应聘登记表"

在Word中新建"应聘登记表"文档，参考效果如图5-35所示，要求如下。

（1）在新建的文档中插入表格，并进行合并和拆分表格的操作。

（2）在表格中输入文本，并调整文字布局。

（3）调整表格的行列数、高度与宽度，为其设置边框和底纹（效果\第5章\实验三\应聘登记表.docx）。

微课：制作"应聘登记表"的具体操作

2. 制作"产品简介表"

在Word中新建文档并保存为"产品简介表"，在文档中创建表格，参考效果如图5-36所示，要求如下。

微课：制作"产品简介表"的具体操作

（1）创建8行5列的表格，在其中输入相应文本，并设置文本样式。

（2）对表格单元格进行合并和拆分操作，并调整单元格的行高和列宽。

（3）为表格设置表格样式（效果\第5章\实验三\产品简介表.docx）。

应聘登记表

姓名		性别		出生日期		
户口所在地		婚否		身高		照片
身份证号码		籍贯		民族		
毕业院校		学历		毕业时间		
专业		所获证书				
计算机水平		英语水平		人员类型	□失业 □在职 □下岗	
特长		健康状况		应聘职位		
家庭住址				希望待遇		
工作经历	时间	单位名称及主要工作	职务		薪金	离职原因
学历培训经历	时间	学校或培训机构	培训内容			证件名称
填表时间：　年　月　日						

图5-35 “应聘登记表”文档参考效果

美丽护肤系列				
货号	产品名称	功效	净含量	包装规格
DC001	水润保湿洁面乳	内含活性提取物，在深层洁净肌肤的同时，补充肌肤所缺水分，使肌肤倍感滋润，富于弹性	100g	72支/件
DC002	控油洁面啫喱	含多种天然植物精华，能深入肌肤，彻底清除面部污垢，平衡肌肤pH值，抑制油脂分泌过盛，减少暗疮滋生	100g	72支/件
DC003	柔白亮颜洁面乳	含丰富维他命及植物精华、清除残留化妆品和尘垢的同时，充分滋润肌肤	100g	72支/件
DC004	补水轻雾	含矿物精华，及时补充皮肤所需养分，持久呵护	60g	72支/件
DC005	柔白亮肤水	可快速补充皮肤所需水分，并能温和调理皮肤，收缩毛孔	100g	72支/件
DC006	水润保湿乳	含多种天然滋养成分，增加肌肤自我锁水能力	100g	72支/件

图5-36 “产品简介表”文档参考效果

实验四 图文混排

（一）实验学时

2学时。

（二）实验目的

◇ 掌握Word 2016中图片、艺术字、文本框的添加方法。

◇ 掌握形状的编辑和美化方法。

◇ 掌握SmartArt图形的设置和编辑方法。

（三）相关知识

1. 文本框操作

在“插入”/“文本”组中单击“文本框”下拉按钮，在打开的下拉列表中提供了不同的文本框样式，选择其中的某一种样式即可将文本框插入到文档中，然后在文本框中直接输入需要的文本内容即可。

2. 图片操作

Word 2016的图片操作主要包括插入图片，调整图片大小、位置和角度，裁剪与排列图片，美化图片等。

（1）插入图片。将文本插入点定位到需插入图片的位置，在“插入”/“插图”组中单击

"图片"按钮，打开"插入图片"对话框。在其中选择需插入的图片后，单击"插入"按钮即可。

（2）调整图片的大小、位置和角度。将图片插入文档后，单击选择图片，利用图片四周出现的控制点即可实现对图片的基本调整。

（3）裁剪与排列图片。将图片插入到文档中以后，可根据需要对图片进行裁剪和排列操作，主要在"图片工具 格式"/"大小"组和"排列"组中进行。

（4）美化图片。选择图片后，在"图片工具 格式"/"调整"组和"图片工具 格式"/"图片样式"组中可进行各种美化操作。

3. 形状操作

形状具有一些独特的性质和特点。Word 2016提供了大量的形状，编辑文档时合理地使用这些形状，不仅能提高效率，而且能提升文档的质量。对形状的操作主要包括插入形状、调整形状、美化形状和为形状添加文本等。

（1）插入形状。在"插入"/"插图"组中单击"形状"下拉按钮，在打开的下拉列表中选择某种形状对应的选项，然后单击或拖动鼠标即可。

（2）调整形状。选择插入的形状，可按调整图片的方法对其大小、位置、角度进行调整。除此以外，还可根据需要更改形状或编辑形状顶点，这需要在"绘图工具 格式"/"插入形状"组中完成。

（3）美化形状。选择形状后，在"绘图工具 格式"/"形状样式"组中可进行各种美化操作。

（4）为形状添加文本。除线条和公式类型的形状外，其他形状中都可添加文本。选择形状，在其上单击鼠标右键，在弹出的快捷菜单中选择"添加文字"命令，此时形状中将出现文本插入点，输入需要的内容即可。

4. 艺术字操作

在文档中插入艺术字，可使文档呈现不同的效果，达到增强文字观赏性的目的，用户还可以对插入的艺术字进行美化编辑。

（1）插入艺术字。插入艺术字的方法与插入文本框类似，这里不再赘述。

（2）编辑与美化艺术字。艺术字的编辑与美化操作与文本框完全相同。选择艺术字，在"绘图工具 格式"/"艺术字样式"组中单击"文本效果"按钮，在打开的下拉列表中选择"转换"选项，再在打开的子列表中选择某种形状对应的选项即可更改艺术字形状。

（四）实验实施

1. 美化"活动方案"文档

方案类文档通常需要版式美观，易于观看。下面美化"活动方案"文档（素材\第5章\实验四\活动方案.docx），具体操作如下。

（1）插入图片。在第1段文本下方插入"背景图片"图片（素材\第5章\实验四\背景图片.jpg），如图5-37所示。

（2）插入联机图片。继续在相同位置插入一张关键字为"生日"的联机

微课：美化"活动方案"文档的具体操作

图片，如图5-38所示。

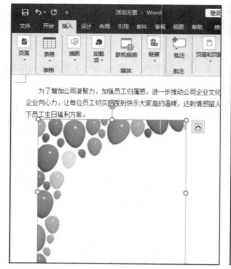

图 5-37　插入图片　　　　　　　　图 5-38　插入联机图片

（3）编辑图片。先将插入的联机图片缩小，然后设置排列方式为"浮于文字上方"，并移动其位置和应用"柔化边缘椭圆"样式，再将图片旋转一定的角度，最后将插入的"背景图片"图片调整为背景图片，效果如图5-39所示。

（4）插入艺术字。插入一个样式为"填充-白色，轮廓-着色2，清晰阴影-着色2"，内容为"员工生日会活动方案"的艺术字。

（5）编辑艺术字。设置艺术字样式为方正舒体、二号，文字效果为"正三角"，填充为红色，然后调整艺术字的位置，效果如图5-40所示。

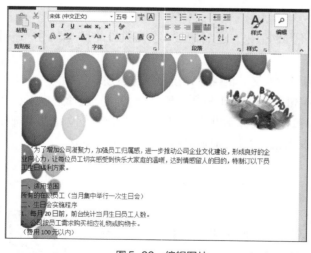

图 5-39　编辑图片　　　　　　　　图 5-40　编辑艺术字

（6）插入文本框。在艺术字下方绘制一个横排文本框，然后在其中粘贴文本，如图5-41所示。

（7）编辑文本框。设置文本框中的文本样式为方正康体简体、四号；段落格式为首行缩进2字符，行距为12磅；文本框格式为填充颜色为浅蓝色，轮廓颜色为橙色，轮廓粗细为6磅，轮廓线型为第5种虚线样式，形状效果为5磅柔化边缘，完成后的效果如图5-42所示（效果\第5章\实验四\活动方案.docx）。

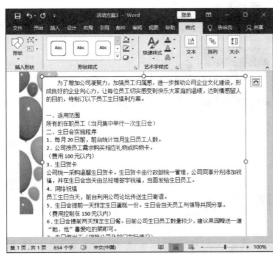

图5-41　插入文本框

图5-42　编辑文本框

2. 设计"招聘流程"文档

流程类文档主要采用形状来清晰地展示步骤。下面制作"招聘流程"文档，具体操作如下。

微课：设计"招聘流程"文档的具体操作

（1）绘制形状。新建"招聘流程"文档，在其中绘制"流程图文档"形状；然后绘制一个"肘形箭头连接符"，并调整为垂直向下样式，在下方绘制一个"流程图 过程"形状；最后绘制出招聘流程的结构形状，如图5-43所示。

（2）插入文本。在流程图中输入相关的文本。

（3）调整大小和位置。拖动鼠标调整流程图的大小和位置，然后将"公司年度招聘计划"形状的宽度和高度绝对值分别调整为1.2厘米和4厘米，最后调整各形状间的位置，效果如图5-44所示。

（4）快速设置形状样式。为流程图应用"强烈效果-橄榄色"形状样式，修改箭头的样式为第3行第3列的样式，效果如图5-45所示。

（5）设置形状填充。将流程图中的形状修改填充颜色为"蓝色，着色1，深色50%"，将"是"和"否"所在的形状修改为无填充，文字颜色为黑色。

（6）设置形状轮廓。将流程图中的形状修改轮廓颜色为"橙色，着色2，深色25%"，轮廓粗细为"1磅"，轮廓样式为虚线的第5种，最后设置"是"和"否"所在的形状无轮廓样式。

（7）设置形状效果。设置流程图中的形状效果为"圆"样式，箭头效果为"右下斜偏移"的阴影，效果如图5-46所示（效果\第5章\实验四\招聘流程.docx）。

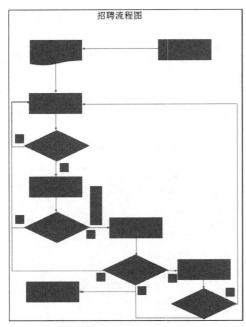

图5-43　绘制形状

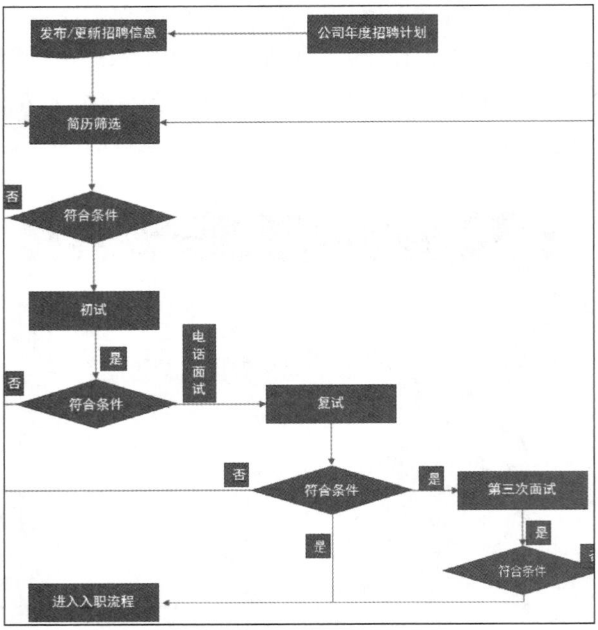

图5-44　调整大小和位置

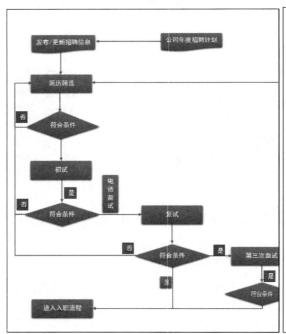

图5-45　设置形状样式

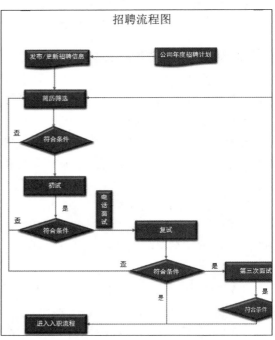

图5-46　设置形状效果

3．制作"企业组织结构图"文档

在Word 2016中制作组织结构图可通过SmartArt图形来完成。下面制作"企业组织结构图"文档，具体操作如下。

（1）插入SmartArt图形。新建"企业组织结构图"文档，在其中插入"组织结构图"。

微课：制作"企业组织结构图"文档的具体操作

（2）修改SmartArt图形。删除第3行左右两个形状，在下方添加3个形状，将第3行中的形状和在其下方添加的3个形状的布局修改为"标准"样式；然后在第3行左侧的形状下方添加一个形状，在右侧的形状下方添加4个形状，将新添加的形状的布局样式设置为"右悬挂"，在第3行中间的形状下方添加11个形状，在最后一行形状的下方添加一个形状；最后在形状中输入相关的文本，效果如图5-47所示。

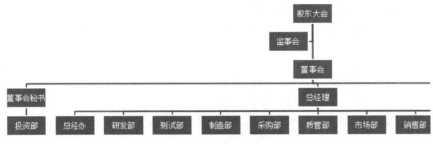

图5-47　修改SmartArt图形

（3）设置形状字体格式和大小。将组织结构图的排列方式设置为"浮于文字上方"，并调整大小；然后设置组织结构图中的文本样式为方正中雅宋简、10磅，并调整形状显示完整文本。

（4）设置SmartArt图形样式。更改制作的组织结构图的颜色为"彩色范围，着色3至4"，样式为"强烈效果"，完成后的效果如图5-48所示（效果\第5章\实验四\企业组织结构图.docx）。

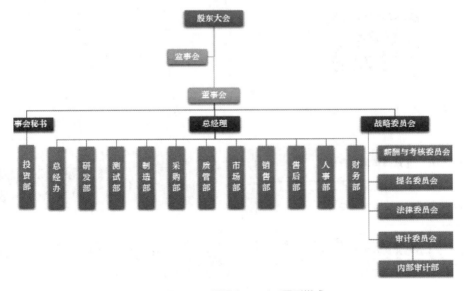

图5-48　设置SmartArt图形样式

（五）实验练习

1. 编辑"菜谱"文档

在Word中新建"菜谱"文档，对文档进行编辑，参考效果如图5-49所示，要求如下。

（1）输入文档标题文本，并设置文本样式。

（2）在文档中插入"菜谱"图片（素材\第5章\实验四\菜谱.jpg），设置图片的大小和位置。

（3）插入SmartArt图形，并在其中输入内容。

（4）对SmartArt图形的样式进行编辑（效果\第5章\实验四\菜谱.docx）。

2. 编辑"广告计划"文档

打开素材文档"广告计划"（素材\第5章\实验四\广告计划.docx），对文档进行编辑，参考效果如图5-50所示，要求如下。

（1）设置文本样式，包括字体、字号、文本效果和版式。

（2）将背景（素材\第5章\实验四\背景.jpg）设置为页面背景，并将图片（素材\第5章\实验四\图片.jpg）插入文档，设置图片的环绕方式和应用样式。

（3）在文档中插入艺术字，并设置艺术字的样式和文字效果（效果\第5章\实验四\广告计划.docx）。

图 5-49 "菜谱"文档参考效果

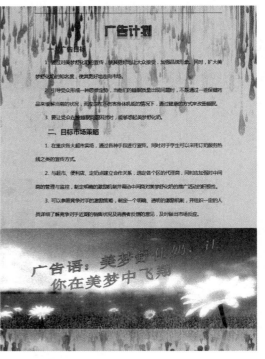

图 5-50 "广告计划"文档参考效果

6

第6章
电子表格软件Excel 2016

配套教材的第6章主要讲解了使用Excel 2016来制作电子表格的操作方法。本章将介绍工作表的创建与格式编辑、公式与函数的使用、表格数据的管理和图表分析表格数据4个实验任务。通过对这4个实验任务的练习，学生可以掌握Excel 2016的使用方法，能够利用Excel 2016进行简单的编排及计算表格数据。

实验一 工作表的创建与格式编辑

（一）实验学时

2学时。

（二）实验目的

◇ 掌握Excel 2016中工作簿、工作表和单元格的基本操作。

◇ 掌握Excel 2016中数据的输入与编辑方法。

◇ 掌握Excel 2016中单元格格式的设置方法。

（三）相关知识

1. Excel 2016 工作簿的基本操作

工作簿的基本操作主要包括新建工作簿、保存工作簿、打开工作簿、关闭工作簿等。

（1）新建工作簿。启动Excel 2016，即可自动新建一个名为"工作簿1"的空白工作簿，也可以在桌面或文件夹中通过单击鼠标右键弹出快捷菜单创建，或直接通过"新建"命令来完成。

（2）保存工作簿。在Excel 2016中保存工作簿的方法可分为直接保存和另存两种。

（3）打开工作簿。选择"文件"/"打开"命令或按"Ctrl+O"组合键即可打开工作簿，也可直接双击已创建的工作簿将其打开。

（4）关闭工作簿。选择"文件"/"关闭"命令或按"Ctrl+W"组合键即可关闭工作簿。

2. Excel 2016 工作表的基本操作

工作表的基本操作包括选择、重命名、插入、移动、复制和删除等。

（1）选择工作表。选择工作表是一项非常基础的操作，包括选择一张工作表、选择连续的多张工作表、选择不连续的多张工作表和选择所有工作表等。

（2）重命名工作表。可通过双击工作表标签或单击鼠标右键，在弹出的快捷菜单中选择"重命名"来重命名工作表。

（3）移动和复制工作表。移动和复制工作表主要包括在同一工作簿中移动和复制工作表、在不同的工作簿中移动和复制工作表两种方式。

（4）插入工作表。可以通过按钮插入和对话框插入两种方式在工作簿中插入工作表。

（5）删除工作表。在工作表标签上单击鼠标右键，在弹出的快捷菜单中选择"删除"命令可删除工作表。如果工作表中有数据，删除工作表时将打开提示对话框，单击"删除"按钮确认删除。

（6）保护工作表。在工作表标签上单击鼠标右键，在弹出的快捷菜单中选择"保护工作表"命令。

3. Excel 2016 单元格的基本操作

单元格是Excel中最基本的存储数据单元，它通过对应的行号和列标进行命名和引用。多个连续的单元格称为单元格区域，其地址可以表示为"单元格:单元格"。单元格的基本操作包括选择、合并与拆分、插入与删除等。

（1）选择单元格。在Excel中选择单元格的操作主要包括选择单个单元格、选择多个连续的单元格、选择不连续的单元格、选择整行、选择整列、选择整个工作表中的所有单元格。

（2）合并与拆分单元格。在实际编辑表格的过程中，通常需要对单元格或单元格区域进行合并与拆分操作，以满足表格样式的需要。

（3）插入与删除单元格。在编辑表格时，用户可根据需要插入或删除单个单元格，也可插入或删除一行或一列单元格。

4. 数据的输入与填充

输入数据是制作表格的基础，Excel支持各种类型数据的输入，包括文本和数字等一般数据，以及身份证、小数或货币等特殊数据。对于编号等有规律的数据序列还可利用快速填充功能实现高效输入。

（1）输入普通数据。在Excel表格中输入一般数据主要有3种方式：选择单元格输入、在单元格中输入和在编辑栏中输入。

（2）快速填充数据。在向Excel表格输入数据的过程中，若单元格数据多处相同或是有规律的数据序列，则可以利用快速填充表格数据的方法来提高工作效率。快速填充数据主要有3种方式：通过"序列"对话框填充、使用控制柄填充相同的数据和使用控制柄填充有规律的数据。

5. 数据的编辑

在编辑表格的过程中，还可以对已有的数据进行修改、移动、复制、查找、替换和删除等操作。

（1）修改和删除数据。在表格中修改和删除数据主要有3种方法：在单元格中修改或删除、选择单元格修改或删除和在编辑栏中修改或删除。

（2）移动或复制数据。在Excel 2016中移动和复制数据主要有3种方法：通过"剪贴板"组移动或复制数据、通过单击鼠标右键弹出快捷菜单移动或复制数据和通过快捷键移动或复制数据。

（3）查找和替换数据。当Excel 2016工作表中的数据量很大时，在其中直接查找数据会非常困难，此时可通过Excel提供的查找和替换功能来快速查找符合条件的单元格，还能快速对这些单元格进行统一替换，从而提高编辑的效率。在"开始"/"编辑"组中单击"查找和选择"按钮，在打开的下拉列表中选择相关选项，打开"查找和替换"对话框，在其中进行设置即可。

6. 数据格式设置

在输入并编辑好表格数据后，为了使工作表中的数据更加清晰明了、美观实用，通常需要对表格格式进行设置和调整。在Excel 2016中设置数据格式主要包括设置字体格式、设置对齐方式和设置数字格式3个方面。

（1）设置字体格式。对表格中的数据设置不同的字体格式，不仅可以使表格更加美观，还可以方便用户对表格内容进行区分，便于查阅。设置字体格式主要可以通过设置"字体"组和"设置单元格格式"对话框的"字体"选项卡来实现。

（2）设置对齐方式。在Excel中，默认的数字对齐方式为右对齐，默认的文本对齐方式为左对齐，用户也可根据实际需要对其重新设置。设置对齐方式主要可以通过设置"对齐方式"组和"设置单元格格式"对话框的"对齐"选项卡来实现。

（3）设置数字格式。设置数字格式指修改数值类单元格格式，可以通过设置"数字"组或"设置单元格格式"对话框的"数字"选项卡来实现。另外，如果用户需要在单元格中输入身份证号码、分数等特殊数据，也可通过设置数字格式功能来实现。

7. 单元格格式设置

在默认状态下，工作表中的单元格是没有格式的，用户可根据实际需要进行自定义设置，包括设置行高和列宽、设置单元格边框、设置单元格填充颜色、使用条件格式和套用表格格式等。

（1）设置行高和列宽。在一般情况下，将行高和列宽调整为能够完全显示表格数据即可。设置行高和列宽的方法主要有通过拖动边框线调整和通过对话框设置两种。

（2）设置单元格边框。Excel中的单元格边框是默认显示的，但是默认状态下的边框在打印时不会显示，为了满足打印需要，可为单元格设置边框效果。单元格边框效果可通过设置"字体"组和"设置单元格格式"对话框的"边框"选项卡来实现。

（3）设置单元格填充颜色。需要突出显示某个或某部分单元格时，可选择为单元格设置填充颜色。设置填充颜色可通过设置"字体"组和"设置单元格格式"对话框的"填充"选项卡来实现。

（四）实验实施

1. 制作"来访登记表"工作簿

微课：制作"来访登记表"工作簿的具体操作

制作"来访登记表"主要涉及Excel的一些基本操作，掌握好这些操作能够帮助用户制作出更加专业和精美的表格。下面制作一个"来访登记表"工作簿，具体操作如下。

（1）新建并保存工作簿。启动Excel 2016，新建"工作簿1"工作簿，将其保存为"来访登记表.xlsx"。

（2）保护工作簿的结构。在"审阅"/"保护"组中单击"保护工作簿"按钮，通过设置"保护结构和窗口"对话框来保护工作簿结构。

（3）密码保护工作簿。单击"另存为"对话框中的"工具"按钮，设置密码保护工作簿。

（4）撤销工作簿的保护。在"审阅"/"保护"组中单击"保护工作簿"按钮，此时将打开"撤销工作簿保护"对话框，输入前面设置的密码，单击"确定"即可。

（5）添加与删除工作表。通过"新工作表"按钮新建一个工作表，然后再单击鼠标右键弹出快捷菜单将其删除。

（6）在同一工作簿中移动或复制工作表。通过单击鼠标右键弹出快捷菜单复制"Sheet1"工作表。

（7）在不同的工作簿中移动或复制工作表。打开"素材.xlsx"工作簿（素材\第6章\实验一\素材.xlsx），将"Sheet1"工作表复制到"来访登记表"工作簿中。

（8）重命名工作表。通过双击工作表标签的方式将复制到"来访登记表"工作簿中的"Sheet1"工作表重命名为"来访登记表"。

（9）隐藏与显示工作表。单击鼠标右键弹出快捷菜单，隐藏"Sheet1"和"Sheet1（2）"工作表，然后取消隐藏"Sheet1"工作表。

（10）设置工作表标签颜色。通过单击鼠标右键弹出快捷菜单设置"来访登记表"工作表的标签为"橙色"，"Sheet1"工作表的标签为"深蓝"。

（11）保护工作表。在"审阅"/"保护"组中单击"保护工作表"按钮，打开"保护工作表"对话框，设置密码为123。

（12）插入与删除单元格。通过单击鼠标右键弹出快捷菜单，在B8单元格上方插入一行单元格，然后在B8:H8单元格区域内输入文本内容，最后删除A列的所有单元格，效果如图6-1所示。

（13）合并和拆分单元格。合并A1:H1单元格区域，然后在其中输入"来访登记表"。

（14）设置单元格的行高和列宽。通过"行高"对话框设置A2:H16单元格区域的行高为20。

（15）隐藏或显示行与列。通过单击鼠标右键弹出快捷菜单，隐藏第4到7行单元格，效果如图6-2所示（效果\第6章\实验一\来访登记表.xlsx）。

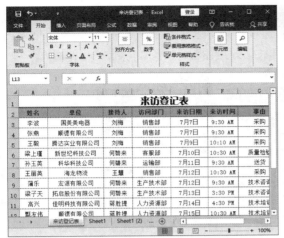

图6-1 插入与删除单元格

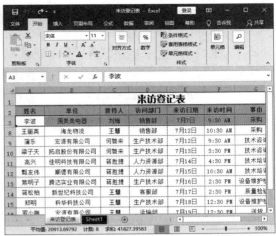

图6-2 隐藏或显示行与列

2. 编辑"产品价格表"工作簿

在制作数据量较大的表格时，需要对工作表进行编辑，有时可直接将已有的样式应用在表格中。下面编辑"产品价格表"工作簿，具体操作如下。

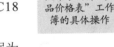

微课：编辑"产品价格表"工作簿的具体操作

（1）输入单元格数据。打开"产品价格表"工作簿（素材\第6章\实验一\产品价格.xlsx），在B3:D20单元格区域中输入其他数据。

（2）修改数据。将B18单元格中的"眼霜"修改为"精华液"，将C18单元格修改为100ml。

（3）快速填充数据。为A3:A20单元格区域快速填充数据，起始数据为"YF001"。

（4）输入货币型数据。在E3:E20单元格区域中输入数据，设置单元格格式为"货币"。

（5）使用记录单修改数据。在"开始"/"记录单"组中单击"记录单"按钮（默认不显示"记录单"按钮，可通过"Excel选项"对话框自定义功能区添加），修改第13条记录，将"产品名称"修改为"美白亲肤面膜"，"包装规格"修改为"88片/箱"。

（6）自定义数据的显示单位。为E3:E20单元格区域自定义单元格格式为"#.0"元""样式。

（7）利用数字代替特殊字符。通过"Excel选项"对话框的自动更正功能设置"001"替代"美白洁面乳"，然后在F3单元格中验证效果。

（8）设置数据验证规则。为E3:E20单元格区域设置数据验证功能，规则为允许小数存在，值为50~400，出错警告为"价格超出正确范围"，设置界面如图6-3所示。

（9）设置表格主题。为A2:F20单元格区域应用"红色，表样式中等深浅3"表格样式，为表格应用"木材纹理"主题样式并修改主题颜色为"橙红色"。

（10）应用单元格样式。新建单元格样式，样式名称为"新标题"，文本样式为黑体、26号，然后为A1单元格应用该样式。

（11）突出显示单元格。为E3:E20单元格区域设置突出显示单元格规则，新建的格式规则为将数据大于200的单元格突出显示为"中心辐射"渐变填充格式。之后继续设置数据小于100

的单元格突出显示为绿填充色深绿色文本。

（12）添加边框。为A1:F20单元格区域设置边框，其中边框颜色为"深红"，外边框为右侧最下方的线条样式，内边框为左侧第2种线条样式，效果如图6-4所示。

图6-3　设置数据验证规则

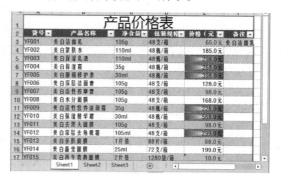

图6-4　添加边框

（13）设置表格背景。在"页面布局"/"页面设置"组中单击"背景"按钮，将"商务背景.jpg"图片作为背景插入工作表中（效果\第6章\实验一\产品价格表.xlsx）。

（五）实验练习

1．制作"客户资料管理表"工作簿

新建一个"客户资料管理表"工作簿，对表格进行编辑，参考效果如图6-5所示，要求如下。

微课：制作"客户资料管理表"工作簿的具体操作

图6-5　"客户资料管理表"工作簿参考效果

（1）新建工作簿，对工作表进行命名。

（2）在表格中输入数据，并编辑数据（包括利用快速填充数据功能，调整列宽和行高，合并单元格等）。

（3）美化单元格，设置单元格的样式，设置边框，为表格添加背景图片（效果\第6章\实验一\客户资料管理表.xlsx）。

2．制作"材料领用明细表"工作簿

新建一个"材料领用明细表"工作簿，对表格进行编辑，参考效果如图6-6所示，要求如下。

（1）新建工作簿，输入表格数据，合并单元格，调整行高和列宽。

（2）为表格应用单元格格式，并设置边框和单元格底纹（注意：这里设置单元格底纹有两种方法，一种是设置单元格样式，另一种是设置单元格的填充颜色）。

（3）设置突出显示单元格（效果\第6章\实验一\材料领用明细表.xlsx）。

材料领用明细表

领料单号	材料号	材料名称及规格	领用部门						合计	领料人	签批人
			生产一车间		生产二车间		生产三车间				
			颜色	数量	颜色	数量	颜色	数量			
YF-L0610	C-001	棉布100%，130g/m²，2*2罗纹	白色	30	粉色	33	浅黄色	37	100	李波	柳林
YF-L0611	C-002	全棉100%，160g/m²，1*1罗纹	粉色	50	浅绿色	40	鲑橙色	47	137	李波	柳林
YF-L0612	C-003	羊毛10%，涤纶90%，140g/m²，起毛布1-4	鲜绿色	46	蓝色	71	白色	64	181	刘松	柳林
YF-L0613	C-004	全棉100%，190g/m²，提花布1-1	红色	40	紫罗兰	36	青色	55	131	刘松	柳林
YF-L0614	C-005	棉100%，170g/m²，提花空气层	玫瑰红	80	白色	44	粉色	20	144	刘松	柳林
YF-L0615	C-006	棉100%，180g/m²，安仑双面布	淡紫色	77	淡蓝色	56	青绿色	39	172	李波	柳林
YF-L0616	C-007	棉100%，160g/m²，抽条棉毛	天蓝色	32	橙色	43	水绿色	64	139	李波	柳林

微课：制作"材料领用明细表"工作簿的具体操作

图6-6 "材料领用明细表"工作簿参考效果

实验二　公式与函数的使用

（一）实验学时

2学时。

（二）实验目的

◇ 熟悉特殊格式的设置方法。
◇ 掌握边框与底纹的设置方法。
◇ 掌握封面、目录、页眉页脚的设置方法。
◇ 掌握样式和模板的使用方法。

（三）相关知识

1. 公式的使用

Excel中的公式可以帮助用户快速完成各种计算。为了进一步提高计算效率，在实际计算数据的过程中，用户除了需要输入和编辑公式，通常还需要对公式进行填充、复制和移动等操作。

（1）输入公式。选择要输入公式的单元格，在单元格或编辑栏中输入"="，接着输入公式内容，如"=B3+C3+D3+E3"，完成后按"Enter"键或单击编辑栏上的"输入"按钮。

（2）编辑公式。选择含有公式的单元格，将文本插入点定位在编辑栏或单元格中需要修改的位置，重新输入需要修改的内容，完成后按"Enter"键确认。完成编辑后，Excel将自动对新公式进行计算。

（3）填充公式。选择已添加公式的单元格，将鼠标指针移至该单元格右下角的控制柄上，当其变为➕形状时，按住鼠标左键不放拖动鼠标将指针移至所需位置，释放鼠标，即可在选择的单元格区域中填充相同的公式并计算出结果。

（4）复制和移动公式。复制公式的方法与复制数据的方法一样。移动公式即将原始单元格的公式移动到目标单元格中，公式在移动过程中不会根据单元格的位移情况发生改变。移动公式的方法与移动数据的方法相同。

2．单元格的引用

（1）单元格引用类型。在计算数据表中的数据时，通常会通过复制或移动公式来实现快速计算，这就涉及单元格引用的相关知识。根据单元格地址是否改变，可将单元格引用分为相对引用、绝对引用和混合引用。

（2）同一工作簿不同工作表的单元格引用。在同一工作簿中引用不同工作表中的内容，需要在单元格或单元格区域前标注工作表名称，如"工作表名！A3"表示引用该工作表中A3单元格的值。

（3）不同工作簿不同工作表的单元格引用。在Excel中不仅可以引用同一工作簿中的内容，还可以引用不同工作簿中的内容，为了操作方便，可将引用工作簿和被引用工作簿同时打开。

3．函数的使用

（1）Excel中的常用函数。Excel 2016中提供了多种函数，每个函数的功能、语法结构及其参数的含义各不相同。常用的函数有SUM函数、AVERAGE函数、COUNT函数、MAX/MIN函数。

（2）插入函数。在Excel中可以通过3种方式来插入函数：单击编辑栏中的"插入函数"按钮、在"公式"/"函数库"组中单击"插入函数"按钮、按"Shift+F3"组合键。

（四）实验实施

1．计算"工资表"中的数据

Excel常被用于制作工资表，涉及的知识点主要包括公式的基本操作与调试，以及单元格中数据的引用。下面计算"工资表"中的数据，具体操作如下。

微课：计算"工资表"中的数据的具体操作

（1）输入公式。打开"工资表"工作簿（素材\第6章\实验二\工资表.xlsx），在J4单元格中输入公式"=1200+200+441+200+300+200-202.56-50"，按"Enter"键计算出结果。

（2）复制公式。单击鼠标右键弹出快捷菜单将J4单元格中的公式复制到J5单元格中。

（3）修改公式。修改J5单元格中的数据，然后计算结果。

（4）显示公式。在"公式"/"公式审核"组中单击"显示公式"按钮，表格中所有包含公式的单元格中将显示公式。再次单击该按钮，表格中所有显示公式的单元格中将显示结果。

（5）在公式中引用单元格来计算数据。删除J4:J5单元格区域中的公式，在J4单元格中输入公式"=B4+C4+D4+E4+F4+G4-H4-I4"计算结果。

（6）相对引用单元格。复制J4单元格中的公式，在J5单元格中粘贴公式；然后通过控制柄将J5单元格中的公式复制到J6:J21单元格区域中，计算出其他员工的实发工资；最后设置"不带格式填充"。

（7）绝对引用单元格。删除E4:E21单元格区域中的数据；然后将单元格合并居中，并输入200，将J4单元格公式中的"E4"修改为"$E$4"；再通过填充方式快速复制公式到J5:J21单元格区域中；最后设置"不带格式填充"。

（8）引用不同工作表中的单元格。在J4单元格公式中加上"Sheet2"工作表的I3单元格数据；然后通过"F4"键将I3单元格转换为绝对引用，计算出结果；最后通过填充方式快速复制公式到J5:J21单元格区域中，并设置为"不带格式填充"。

（9）引用定义了名称的单元格。打开"固定奖金表"工作簿（素材\第6章\实验二\固定奖金表.xlsx），为B3:B20单元格区域定义名称"固定奖金"，为C3:C20单元格区域定义名称"工作年限奖金"，为D3:D20单元格区域定义名称"其他津贴"；然后在E3单元格中输入"=固定奖金+工作年限奖金+其他津贴"并计算结果；最后通过填充方式快速复制公式到E4:E20单元格区域中，并设置为"不带格式填充"，效果如图6-7所示。

（10）利用数组公式引用单元格区域。在"固定奖金表.xlsx"工作簿中选择E3:E20单元格区域，输入"=B3:B20+C3:C20+D3:D20"，按"Ctrl+Shift+Enter"组合键，即可在E3:E20单元格区域内自动填充数组公式，并计算出结果。

（11）引用不同工作簿中的单元格。在"工资表"工作簿中的J4单元格公式最后输入"+"；然后打开"固定奖金表"工作簿，在"Sheet1"工作表中选择E3单元格；再在编辑栏中删除"$"符号，将绝对引用"$E$3"转换为相对引用"E3"，计算出结果；最后通过填充方式快速复制公式到J5:J21单元格区域中，并设置为"不带格式填充"，效果如图6-8所示。

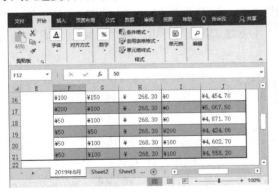 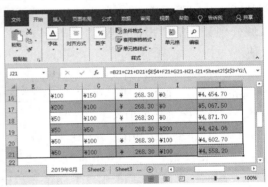

图6-7　引用定义了名称的单元格　　　　　图6-8　引用不同工作簿中的单元格

（12）检查公式。打开"工资表"工作簿，在"Excel选项"对话框的"公式"选项卡中设置"错误检查"功能，为J4单元格公式进行错误检查。

（13）审核公式。为J4单元格中的公式应用"追踪引用单元格"功能，查看追踪效果，然后追踪E4其他从属单元格（效果\第6章\实验二\工资表.xlsx）。

2．编辑"新晋员工资料"工作簿

下面编辑"新晋员工资料"工作簿，主要涉及Excel函数的使用，具体操作如下。

微课：编辑"新晋员工资料"工作簿的具体操作

（1）输入函数。打开"新晋员工资料"工作簿（素材\第6章\实验二\新晋员工资料.xlsx），选择"工资表"工作表的E4单元格；然后通过"插入函数"对话框插入"SUM"函数，将参数设置为B4:D4单元格区域；最后查看输入函数后的计算结果。

（2）复制函数。通过拖动控制柄的填充方式快速复制函数到E5:E15单元格区域，并设置"不带格式填充"。

（3）自动求和。在H4单元格中进行自动求和，然后将函数复制到H5:H15单元格区域，并设置"不带格式填充"。

（4）嵌套函数。在I4单元格中输入公式"=SUM(B4:D4)-SUM(F4:G4)"，计算结果，将函数复制到I5:I15单元格区域，设置"不带格式填充"。

（5）定义与使用名称。单击"素质测评表"工作表标签，为C4:C15单元格区域定义单元格名称为"企业文化"，然后为D4:D15、E4:E15、F4:F15、G4:G15、H4:H15单元格区域分别定义单元格名称"规则制度""电脑应用""办公知识""管理能力""礼仪素质"，最后在I4单元格中插入SUM函数，在"Number1"文本框中输入"企业文化+规章制度+电脑应用+办公知识+管理能力+礼仪素质"，计算出结果，再通过填充方式快速复制公式到I5:I15单元格区域，并设置为"不带格式填充"。

（6）计算平均值。在"素质测评表"工作表中选择J4单元格，通过"插入函数"对话框插入AVERAGE函数，设置"Number1"为C4:H4单元格区域，计算出结果，并将函数复制到J5:J15单元格区域，设置为"不带格式填充"。

（7）计算最大值和最小值。在C16单元格利用"插入函数"对话框插入MAX函数，设置"Number1"参数为"企业文化"，计算出结果，然后用同样的方法在D16:H16单元格区域分别计算出"规则制度""电脑应用""办公知识""管理能力""礼仪素质"的最大值。

（8）计算排名。在K4单元格利用"插入函数"对话框插入RANK.EQ函数，设置"Number"为"I4"，"Ref"为"$I$4:$I$15"，计算出结果，然后将函数复制到K5:K15单元格区域，设置为"不带格式填充"。

（9）使用条件函数IF。在L4单元格利用"插入函数"对话框插入IF函数，设置"Logical_test"为"I4>=480"，"Value_if_true"为"转正"，"Value_if_false"为"辞退"，计算出结果，并将函数复制到L5:L15单元格区域，设置为"不带格式填充"，效果如图6-9所示。

（10）计算个人所得税。在"工资表"工作表的J4单元格中利用"插入函数"对话框插入IF函数，设置"Logical_test"为"I4-5000<0"，"Value_if_true"为"0"，"Value_if_false"为"IF(I4-5000<3000,0.03*(I4-5000)-0,IF(I4-5000<12000,0.1*(I4-5000)-105,IF(I4-5000<25000,0.2*(I4-5000)-555,IF(I4-5000<35000,0.25*(I4-5000)-1005))))"，计算出结果，并将函数复制到J5:J15单元格区域，设置为"不带格式填充"。

（11）使用求和函数SUM。在K4单元格中输入公式"=sum(I4-J4)"，计算结果，将函数复制到K5:K15单元格区域，设置为"不带格式填充"，如图6-10所示（效果\第6章\实验二\新晋员工资料.xlsx）。

新晋员工素质测评表							
测评项目				测评总分	测评平均分	名次	是否转正
电脑应用	办公知识	管理能力	礼仪素质				
78	83	80	76	483	80.5	7	转正
78	83	87	80	489	81.5	6	转正
89	84	86	85	525	87.5	1	转正
92	76	85	84	503	83.833333	4	转正
88	90	79	77	502	83.666667	5	转正
60	78	76	85	442	73.666667	11	辞退
82	79	77	80	482	80.333333	8	转正
79	70	69	75	438	73	12	辞退
90	89	81	89	520	86.666667	2	转正
90	85	80	90	516	86	3	转正
80	69	80	85	462	77	10	辞退
78	86	76	70	467	77.833333	9	辞退
92	90	87	90				

图6-9　使用条件函数IF

D	E	F	G	H	I	J	K
2019年5月份工资表							
工资		应扣工资			工资	个人所得税	税后工资
奖金	小计	迟到	事假	小计			
¥600	¥6, 600	¥50		¥50	¥6, 550	¥46. 50	¥6, 503. 50
¥400	¥4, 800		¥50	¥50	¥4, 750	¥0. 00	¥4, 750. 00
¥800	¥6, 500			¥0	¥6, 500	¥45. 00	¥6, 455. 00
¥1, 400	¥9, 100	¥200	¥100	¥300	¥8, 800	¥275. 00	¥8, 525. 00
¥500	¥4, 900			¥0	¥4, 900	¥0. 00	¥4, 900. 00
¥400	¥4, 210	¥50		¥50	¥4, 160	¥0. 00	¥4, 160. 00
¥200	¥2, 980		¥100	¥100	¥2, 880	¥0. 00	¥2, 880. 00
¥100	¥2, 300	¥150		¥150	¥2, 150	¥0. 00	¥2, 150. 00
	¥2, 090			¥0	¥2, 090	¥0. 00	¥2, 090. 00
	¥1, 200		¥50	¥50	¥1, 150	¥0. 00	¥1, 150. 00
	¥800	¥300		¥300	¥500	¥0. 00	¥500. 00
	¥800			¥0	¥800	¥0. 00	¥800. 00
9年5月31日							

图6-10　使用求和函数SUM

（五）实验练习

微课：编辑“员工培训成绩表”工作簿的具体操作

1. 编辑“员工培训成绩表”工作簿

打开“员工培训成绩表”工作簿（素材\第6章\实验二\员工培训成绩表.xlsx），计算其中的数据，参考效果如图6-11所示，要求如下。

（1）利用SUM函数计算总成绩。

（2）利用AVERAGE函数计算平均成绩。

（3）利用RANK.EQ函数对成绩进行排名。

（4）利用IF函数评定水平等级（效果\第6章\实验二\员工培训成绩表.xlsx）。

员工培训成绩表												
编号	姓名	所属部门	办公软件	财务知识	法律知识	英语口语	职业素养	人力管理	总成绩	平均成绩	排名	等级
CM001	蔡云帆	行政部	60	85	88	70	80	82	465	77.5	11	一般
CM002	方艳芸	行政部	62	60	61	50	63	61	357	59.5	13	差
CM003	谷城	行政部	99	92	94	90	91	89	555	92.5	3	优
CM004	胡哥飞	研发部	60	54	55	58	75	55	357	59.5	13	差
CM005	蒋京华	研发部	92	90	89	96	99	92	558	93	1	优
CM006	李哲明	研发部	83	89	96	89	75	90	522	87	5	良
CM007	龙泽苑	研发部	83	89	96	89	75	90	522	87	5	良
CM008	詹姆斯	研发部	70	72	60	95	84	90	471	78.5	9	一般
CM009	刘畅	财务部	60	85	88	70	80	82	465	77.5	11	一般
CM010	姚凝香	财务部	99	92	94	90	91	89	555	92.5	3	优
CM011	汤家桥	财务部	87	84	95	87	78	85	516	86	7	良
CM012	唐萌梦	市场部	70	72	60	95	84	90	471	78.5	9	一般
CM013	赵飞	市场部	60	54	55	58	75	55	357	59.5	13	差
CM014	夏侯铭	市场部	92	90	89	96	99	92	558	93	1	优
CM015	周玲	市场部	87	84	95	87	78	85	516	86	7	良
CM016	周宇	市场部	62	60	61	50	63	61	357	59.5	13	差

图6-11　“员工培训成绩表”工作簿参考效果

2. 编辑“年度绩效考核表”工作簿

微课：编辑“年度绩效考核表”工作簿的具体操作

打开“年度绩效考核表”工作簿（素材\第6章\实验二\年度绩效考核表.xlsx），计算其中的数据，参考效果如图6-12所示，要求如下。

（1）在工作簿中新建工作表，并创建一个新的表格。

（2）使用函数计算员工的各项绩效分数。在表格中输入员工的编号和姓名，然后使用AVERAGE、INDEX和ROW函数从其他工作表中引用员工假勤

考评、工作能力和工作表现的值并计算出年终时各项的分数，最后再使用SUM函数计算员工的绩效总分。

（3）使用函数评定员工等级。根据绩效总分的值与IF函数计算员工的绩效等级，并根据绩效等级评定员工的年终奖金（效果\第6章\实验二\年度绩效考核表.xlsx）。

年度绩效考核表

	嘉奖	晋级	记大功	记功	无	记过	记大过	降级
基数：	9	8	7	6	5	-3	-4	-5

备注：年度考核的绩效总分根据"各季度总分＋奖惩记录"来评定，总分为120分。
优良评定标准为">=105为优，>=100为良，其余为差"；
年终奖金发放标准为"优为3500元，良为2500元，差为2000元"。

员工编号	姓名	假勤考评	工作能力	工作表现	奖惩记录	绩效总分	优良评定	年终奖金（元）	核定人
1101	刘松	29.52	32.64	33.79	5.00	100.94	良	2500	杨乐乐
1102	李波	28.85	33.23	33.71	6.00	101.79	良	2500	杨乐乐
1103	王慧	29.41	33.59	36.15	3.00	102.14	良	2500	杨乐乐
1104	蒋伟	29.50	33.67	33.14	2.00	98.31	差	2000	杨乐乐
1105	杜泽平	29.35	35.96	33.70	1.00	100.01	良	2500	杨乐乐
1106	蔡云帆	29.68	35.18	34.95	6.00	105.81	优	3500	杨乐乐
1107	侯向明	29.60	31.99	33.55	7.00	102.14	良	2500	杨乐乐
1108	魏丽	29.18	33.79	32.71	-2.00	93.68	差	2000	杨乐乐
1109	袁晓东	29.53	34.25	34.17	5.00	102.94	良	2500	杨乐乐
1110	程旭	29.26	33.17	33.65	6.00	102.08	良	2500	杨乐乐
1111	朱建兵	29.37	34.15	35.05	2.00	100.57	良	2500	杨乐乐
1112	郭永新	29.18	35.90	33.95	6.00	105.03	优	3500	杨乐乐
1113	任建刚	29.20	33.81	33.08	5.00	103.09	良	2500	杨乐乐
1114	黄慧佳	28.98	35.31	34.00	5.00	103.28	良	2500	杨乐乐
1115	胡珀	29.30	33.94	34.08	6.00	103.32	良	2500	杨乐乐
1116	姚妮	29.61	34.40	33.00	5.00	102.00	良	2500	杨乐乐

图6-12 "年度绩效考核表"工作簿参考效果

实验三 表格数据的管理

（一）实验学时

1学时。

（二）实验目的

◇ 掌握排序、筛选数据的方法。
◇ 掌握分类汇总数据的方法。

（三）相关知识

1. 数据排序

对数据进行排序有助于用户快速直观地观察数据并更好地组织、查找所需数据。在一般情况下，数据排序分为以下3种方式。

（1）快速排序。选择要排序的列中的任意单元格，单击"数据"/"排序和筛选"组中的"升序"按钮或"降序"按钮，即可实现数据的升序或降序操作。

（2）组合排序。在对某列数据进行排序时，如果遇到多个单元格数据值相同的情况，可以使用组合排序的方式来决定数据的先后。组合排序指设置主、次关键字升序或降序排序。

（3）自定义排序。采用自定义排序方式可以通过设置多个关键字对数据进行排序，还可以通过其他关键字对相同排序的数据进行排序。Excel提供了内置的日期和年月自定义列表，用户也可根据实际需求自己设置。

2. 数据筛选

（1）自动筛选。选择需要进行自动筛选的单元格区域，单击"数据"/"排序和筛选"组中的"筛选"按钮，此时各列表头右侧将出现一个下拉按钮，单击下拉按钮，在打开的下拉列表中选择需要筛选的选项或取消选择不需要显示的数据，不满足条件的数据将自动隐藏。

（2）自定义筛选。自定义筛选建立在自动筛选的基础上，可自动设置筛选选项，以更灵活地筛选出所需数据。

（3）高级筛选。如果想要根据自己设置的筛选条件来筛选数据，则需要使用高级筛选功能。利用高级筛选功能可以筛选出同时满足两个或两个以上约束条件的数据。

3. 分类汇总

分类汇总指将表格中同一类别的数据放在一起进行统计，以使数据更加清晰直观。Excel中的分类汇总主要包括单项分类汇总和嵌套分类汇总。

（1）单项分类汇总。在创建分类汇总之前，应先对需分类汇总的数据进行排序，然后选择排序后的任意单元格，单击"数据"/"分级显示"组中的"分类汇总"按钮，打开"分类汇总"对话框，在其中对"分类字段""汇总方式""选定汇总项"等进行设置，设置完成后单击"确定"按钮。

（2）嵌套分类汇总。对已分类汇总的数据再次进行分类汇总，即嵌套分类汇总。单击"数据"/"分级显示"组中的"分类汇总"按钮，打开"分类汇总"对话框。在"分类字段"下拉列表框中选择一个新的分类选项，再对汇总方式、汇总项进行设置，撤销选中"替换当前分类汇总"复选框，单击"确定"按钮，即可完成嵌套分类汇总的设置。

（四）实验实施

1. 处理"平面设计师提成统计表"数据

在管理数据时，常需要利用Excel的数据排序、数据筛选功能使数据按照大小依次排列，或筛选出需要查看的数据，以便快速分析数据。下面处理"平面设计师提成统计表"数据，其中"平面设计师提成统计表"包含5月提成统计和2019年度提成统计两部分，是针对广告行业进行的数据管理。具体操作如下。

微课：处理"平面设计师提成统计表"数据的具体操作

（1）简单排序。打开"平面设计师提成统计表"工作簿（素材\第6章\实验三\平面设计师提成统计表.xlsx），选择"签单总金额"列中的任意单元格，使其按降序排列；选择"提成率"列中的任意单元格，通过单击鼠标右键弹出快捷菜单设置升序排列。

（2）按关键字排序。打开"排序"对话框，设置"主要关键字"为"提成率"，"排序依据"为"单元格值"，"次序"为"升序"。添加一个条件，设置"次要关键字"为"获得的提成"，"次序"为"升序"。

（3）自定义排序。打开"排序"对话框，设置"主要关键字"为"职务"，"次序"为

“自定义序列”，其中自定义的序列为“设计师”“资深设计师”“专家设计师”，效果如图6-13所示。

（4）按行排序。选择A2:E10单元格区域，通过“排序”对话框打开“排序选项”对话框，设置“按行排序”，然后设置“主要关键字”为“行3”，“次序”为“降序”。

（5）按字符数量进行排序。在I3单元格中输入函数“=LEN（B3）”，拖动鼠标填充复制到I19单元格，然后单击“升序”按钮进行排序，效果如图6-14所示。

1	溶点广告设计公司5月签单业绩提成表			
2	职务	签单总金额	提成率	获得的提成
3	设计师	49999	3%	1499.97
4	设计师	24011	2.50%	600.275
5	设计师	32010	2.50%	800.25
6	设计师	36400	2.50%	910
7	设计师	38080	2.50%	952
8	设计师	43120	2.50%	1078
9	设计师	45000	2.50%	1125
10	设计师	49999	2.50%	1249.975
11	资深设计师	69770	3%	2093.1
12	资深设计师	79000	3%	2370
13	资深设计师	86720	3%	2601.6
14	资深设计师	87690	3%	2630.7
15	资深设计师	89090	3%	2672.7
16	资深设计师	99887	3%	2996.61
17	专家设计师	210600	6%	12636
18	专家设计师	356000	6%	21360
19	专家设计师	140000	4%	5600
20				

5月提成统计

图6-13　自定义排序

	设计师编号	姓名	职务
3	MH000001	简灵	资深设计师
4	MH000003	关蒙	专家设计师
5	MH000006	艾香	设计师
6	MH000007	肖莆	设计师
7	MH000008	郭海	设计师
8	MH000011	秦东	资深设计师
9	MH000013	典韦	资深设计师
10	MH000002	孔爱明	专家设计师
11	MH000004	张小飞	专家设计师
12	MH000005	威严旭	设计师
13	MH000009	南思蓉	设计师
14	MH000010	何久芳	设计师
15	MH000012	徐晃之	资深设计师
16	MH000014	郭一嘉	资深设计师
17	MH000015	赵子云	资深设计师
18	MH000016	黄效忠	设计师
19	MH000017	曹仁孟	设计师

5月提成统计　2019年度提成统 ...

图6-14　按字符数量进行排序

（6）自动筛选。单击“筛选”按钮后，在“获得的提成”列设置“数字筛选”为“低于平均值”，筛选员工姓名为“曹仁孟”和“秦东”的数据。

（7）自定义筛选。启动筛选功能，将“签单总金额”列的“数字筛选”设置为“介于”，筛选条件为“大于或等于30000”“小于或等于100000”，使用相同的方法筛选提成额大于2000数据。

（8）高级筛选。在B21:D22单元格区域中输入筛选条件分别为“>50000”“0.03”“<2500”，在“高级筛选”对话框的“列表区域”中输入“A2:H19”，在“条件区域”中输入“B21:D22”，确认设置。

（9）取消筛选。分别使用筛选器和“清除”按钮取消筛选，显示所有数据（效果\第6章\实验三\平面设计师提成统计表.xlsx）。

2. 处理“楼盘销售记录表”数据

数据处理包括对某项数据的汇总，使用数据工具保证数值的大小输入正确，以及对表格数据设置条件格式，用特殊颜色或图标来显示重点内容等操作。下面处理“楼盘销售记录表”数据，具体操作如下。

微课：处理“楼盘销售记录表”数据的具体操作

（1）单项分类汇总。打开“楼盘销售记录表”工作簿（素材\第6章\实验三\楼盘销售记录表.xlsx），对开发公司升序排序，然后启用汇总功能，汇总开发公司已售数据中的最大值，如图6-15所示。

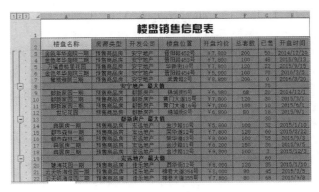

图6-15　单项分类汇总

（2）多项分类汇总。设置汇总项为"总套数"和"已售"的汇总数据显示，如图6-16所示。

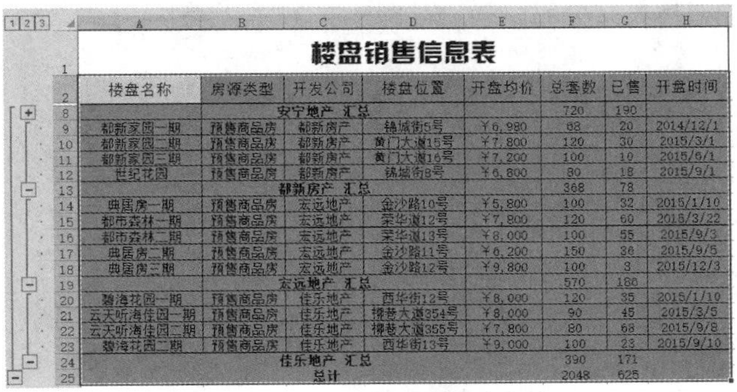

图6-16　多项分类汇总

（3）隐藏或显示分类汇总。将"安宁地产"信息隐藏，将"都新房产"汇总项信息隐藏，再将"安宁地产"汇总项目完全显示出来。

（4）清除和删除分类汇总。清除分级显示，然后将分类汇总全部删除。

（5）快速删除重复项。选择表格中的任意一个数据单元格，执行删除重复项命令，设置删除项为"全选"。

（6）使用数据验证功能。选择E3:E20单元格区域，启用数据验证功能，设置数据允许"整数"，介于"7000"至"15000"，然后设置非法输入的提示效果，最后为E3:E20单元格区域设置出错警告。当输入无效数据时显示警告信息，样式为"停止"，标题为"提示"，内容为"开盘均价在"7000～15000"之间！"，查看效果如图6-17所示。

（7）按规则突出显示单元格。将"开盘均价"高于平均值和"总套数"大于"150"的单元格突出显示，其中"开盘均价"高于平均值的单元格格式为"黄填充色深黄色文本"，"总套数"大于"150"的单元格格式为"绿填充色深绿色文本"。

（8）应用图形效果。将"开盘均价""总套数"和"已售"数据列分别以"数据条""色阶"和"图标集"突出显示。其中，数据条样式为"橙色渐变填充"，色阶样式为第二个色阶样式，图标集样式为"等级"栏中的第二个样式，效果如图6-18所示（效果\第6章\实验三\楼盘销售记录表.xlsx）。

图6-17　使用数据验证功能

图6-18　应用图形效果

（五）实验练习

1. 统计房产调查表数据

打开"房价调查表"工作簿（素材\第6章\实验三\房价调查表.xlsx），对
"每平米单价"列进行排序，然后筛选"每平米单价"记录（效果\第6章\实
验三\房价调查表.xlsx），参考效果如图6-19所示，要求如下。

微课：统计房产
调查表数据的具
体操作

（1）使用数据排序功能对"每平米单价"列按降序排列。

（2）筛选出"每平米单价"在"4700~8500"之间的所有记录。

1	房价调查表					
2	编号	项目名称	开发商	产品类型	总户数	面积	每平米单价
3	20	现代城市	大树房地产有限公司	小高层	1266	75~115	8000
4	19	城市家园	银河房地产有限公司	电梯	1310	48~118	6000
5	16	魅力城	开元房地产有限公司	电梯公寓	1140	60~175	5785
6	6	七里阳光	国欣房地产有限公司	小高层	2100	50~160	5500
7	9	东河丽景	泰宝房地产有限公司	商铺	1309	67~220	4998
8	10	芙蓉小镇	成志房地产有限公司	小高层	1244	130~230	4725
9	13	东科城市花园	天地房地产有限公司	电梯公寓	498	55~137	4700

图6-19　统计房产调查表数据

2. 管理销售业绩表

打开"销售业绩表"工作簿（素材\第6章\实验三\销售业绩表.xlsx），对"总销售额"列进行排序，并对销售数据进行分类汇总（效果\第6章\实验三\销售业绩表.xlsx），参考效果如图6-20所示，要求如下。

（1）分别对"总销售额"列和"所属部门"列进行升序排列。

（2）按员工的"所属部门"进行分类，同时对"1月""2月""3月""4月""5月""6月"数据列进行求和汇总。

（3）按员工的"所属部门"进行分类，对"总销售额"进行平均值汇总。

（4）将销售A组和销售B组的汇总信息隐藏。

员工编号	员工姓名	所属部门	1月	2月	3月	4月	5月	6月	总销售额	排名
		销售 A 组 平均值							495464.4	
		销售 A 组	1250190	1148240	1218630	1381280	1245226	1188400		
		销售 B 组 平均值							496755.2	
		销售 B 组	1209940	1222070	1228040	1381540	1283288	1126450		
C005	李丽	销售 C 组	70500	61500	82000	57500	57000	85000	413500	46
C012	詹荣	销售 C 组	85000	65500	67500	70500	62000	73000	423500	45
C004	张小燕	销售 C 组	69200	97500	61000	57000	60000	85000	429770	44
C009	杨娜	销售 C 组	74520	63500	84000	81000	65500	62000	430020	43
C006	马徒	销售 C 组	72600	59500	88000	63000	88000	60500	431600	42
C008	许鹏	销售 C 组	71560	60500	85000	57000	76000	83000	433060	41
C010	田丽	销售 C 组	85660	55500	61000	91500	81000	59000	433660	40
C007	司小辉	销售 C 组	76540	71000	36000	60500	60000	85000	436160	39
C011	李玲	销售 C 组	80250	64500	74000	78500	64000	76000	437250	38
C014	刘志刚	销售 C 组	94580	74500	63000	66000	71000	69000	438080	37
C003	唐艳	销售 C 组	85000	73000	65000	95000	75500	61000	438490	36
C013	许志杰	销售 C 组	90160	68050	78000	60500	76000	67000	439710	35
C002	黄丽丽	销售 C 组	72510	69800	72560	89960	91560	64580	460970	32
C001	杜乐	销售 C 组	78560	68500	87660	93660	72560	96220	497160	18
		销售 C 组 平均值							438775.714	
		销售 C 组	1087750	952850	1054720	1021620	999620	1026300		
		总计平均值							477867.136	
		总计	3547880	3323160	3501390	3784440	3528134	3341150		

图6-20　管理销售业绩表

微课：管理销售业绩表的具体操作

实验四　图表分析表格数据

（一）实验学时

2学时。

（二）实验目的

掌握使用图表分析数据的方法。

（三）相关知识

1. 图表的创建与编辑

为了使表格中的数据看起来更直观，可以用图表的方式来展现数据。在Excel中，图表能清楚地展示各种数据的大小和变动情况、数据的差异和走势，从而帮助用户更好地分析数据。

（1）创建图表。选择数据区域，在"插入"/"图表"组中单击"推荐的图表"按钮，打开"插入图表"对话框，在其中进行设置即可创建图表。

（2）设置图表。选择图表，将鼠标指针移动到图表中，按住鼠标左键不放并拖动可调整图表位置；将鼠标指针移动到图表的4个角上，按住鼠标左键不放并拖动可调整图表的大小。

（3）编辑图表数据。在"图表工具 设计"/"数据"组中单击"选择数据"按钮，打开

"选择数据源"对话框，在其中可重新选择和设置数据。

（4）设置图表位置。选择"图表工具 设计"/"位置"组，单击"移动图表"按钮，打开"移动图表"对话框，单击选中"新工作表"单选钮，即可将图表移动到新工作表中。

（5）更改图表类型。选择图表，再选择"图表工具 设计"/"类型"组，单击"更改图表类型"按钮，在打开的"更改图表类型"对话框中重新选择所需的图表类型。

（6）设置图表样式。选择图表，选择"图表工具 设计"/"图表样式"组，在列表框中选择所需的样式。

（7）设置图表布局。选择要更改布局的图表，在"图表工具 设计"/"图表布局"组中选择合适的图表布局即可。

（8）编辑图表元素。选择"图表工具 设计"/"图表布局"组，单击"添加图表元素"按钮，在打开的下拉列表中选择需要调整的图表元素，并在子列表中选择相应的选项即可。

2. 表格打印

在实际的办公过程中，通常要对需要存档的电子表格进行打印。利用Excel的打印功能不仅可以打印表格，还可以对电子表格的打印效果进行预览和设置。

（1）页面布局设置。在打印之前，可根据需要对页面的布局进行设置，如调整分页符、调整页面布局等。可通过"分页预览"视图调整分页符、通过"页面布局"视图调整打印效果。

（2）打印预览。选择"文件"/"打印"命令，打开"打印"页面，在该页面右侧即可预览打印效果。

（3）打印设置。选择"文件"/"打印"命令，打开"打印"页面，在"打印"栏的"份数"数值框中输入打印数量，在"打印机"下拉列表中选择当前可使用的打印机，在"设置"下拉列表中选择打印范围，在"单面打印""调整""纵向""自定义页面大小"下拉列表中可分别对打印方式、打印方向等进行设置，设置完成后单击"打印"按钮即可。

（四）实验实施

1. 制作"销售分析"图表

以图表表示数据时，需要选择适合的图表类型，同时，要添加相应的图表元素，如数据标签等，以方便用户对数据做出分析。此外，还可对图表进行格式与美化设置。下面制作"销售分析"图表，具体操作如下。

微课：制作"销售分析"图表的具体操作

（1）创建图表。打开"美乐家空调销售统计表"工作簿（素材\第6章\实验四\美乐家空调销售统计表.xlsx），在"销售额统计"工作表中选择"A2:F7"单元格区域，创建"簇状柱形图"图表；在"销售量统计"工作表中选择"A2:G7"单元格区域，插入折线图。

（2）修改图表数据。在"销售额统计"工作表中修改C3单元格的值为"1800.36"。

（3）编辑图表数据系列。删除"销售额统计"工作表图表中的"2013年销售额"数据列图形，然后隐藏"荒闪店"数据列图形；添加"2017年销售额"数据系列。

（4）编辑图表数据标签。在"销售额统计"工作表的"2017销售额"图形外侧添加数据

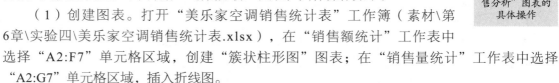

标签。

（5）更改图表类型。更改"销售额统计"工作表中的图标类型为三维簇状柱形图。

（6）调整图表位置和大小。移动"销售额统计"工作表的图表到合适位置，并调整图表大小；通过"移动图表"命令将图表移动到新创建的"销售量统计图表"工作表中。

（7）图表快速布局。修改"销售额统计"图标的布局为快速布局中的"布局9"样式。

（8）设置图表元素。设置图表标题为"销售额统计"，竖排坐标轴标题为"单位：万元"，将图例显示在顶部，添加数据表，设置"无图例项标示"，隐藏网格线，拖动鼠标调整绘图区的大小，移动坐标轴位置到完全显示。

（9）应用图表样式。选择"销售额统计"工作表中的图表，应用"快速样式"中的"样式5"图表样式，更改样式颜色为"颜色4"；切换到"销售量统计图表"工作表，对图表应用"样式3"样式。

（10）使用图表筛选器。在"销售量统计图表"工作表的图表中筛选除"荒闪店""福路店"系列以及"一月""二月"类别外的数值。

（11）使用趋势线分析数据。为"销售量统计图表"工作表的图表中添加趋势线，对"锦华店"数据销售走向进行分析。

（12）设置图表文字样式。为"销售量统计图表"工作表中的图表设置图表标题、坐标轴和图例文字内容的格式，图表标题的文本样式为方正粗倩简体，24号，红色、个性色2，图例格式为"深蓝，文字2"的纯色填充，设置图例文本为"半映像，接触"样式，效果如图6-21所示。

（13）设置图表形状样式。为整个图表区填充"茶色，背景2"颜色，设置图表区棱台效果为"角度"，设置图例区渐变填充"顶部聚光灯，着色6"颜色，使用"空调.jpg"图片（素材\第6章\实验四\空调.jpg）填充绘图区，完成后的效果如图6-22所示（效果\第6章\实验四\美乐家空调销售统计表.xlsx）。

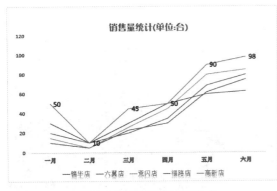

图6-21 设置图表文字样式

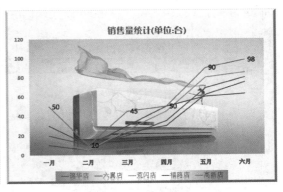

图6-22 设置图表形状样式

2. 分析"原料采购清单"表格

要在Excel中创建数据透视表，首先要选择需要创建数据透视表的单元格区域。需要注意的是，只有对表格中的数据内容进行分类后，使用数据透视表进行汇总才有意义。下面分析"原料采购清单"表格，具体操作如下。

（1）创建数据透视表。打开"原料采购清单"工作簿（素材\第6章\实验四\原料采购清单.xlsx），选择任意的单元格，插入数据透视表。

（2）设置数据透视表。设置表格数据区域为A2:F20单元格区域，数据透视表放置位置为A21单元格；然后在"选择要添加到报表的字段"栏中单击选中"原料名称"和"费用"复选框，添加数据透视表的字段，完成数据透视表的创建。数据透视表将按原料名称分类，并进行费用的求和汇总。

（3）更新数据透视表。将"新鲜牛肉"的单价由"28000"修改为"30000"，然后更新数据，将引用数据源区域修改为A2:F19单元格区域。

（4）更改汇总方式。将默认的求和汇总修改为"返回采购同类商品费用的最大值"。

（5）筛选数据。先按"原料名称"字段筛选查看所需数据，然后自定义条件筛选费用大于15000的值。

（6）套用数据透视表样式。为数据透视表应用"数据透视表样式中等深浅18"样式。

（7）删除数据透视表。将创建的数据透视表全部删除。

（8）设置数据透视表。插入数据透视图，图表类型为三维饼图。

（9）设置显示数据标签。设置数据标签格式为11号、"红色，着色2"文本轮廓；设置图表标题的文本样式为方正大标宋简体、16、加粗、红色，着色2，深色50%，内容为"原料采购费用图表分析"。

（10）设置图表区格式。设置图表区格式为"水绿色，着色5，淡色80%"形状填充，取消绘图区填充背景，移动数据透视图到新建的"采购费用图表分析"工作表中，然后根据需要对标题、数据标签和图例的字号进行调整。

（11）添加图例。在顶部添加图例，设置图例填充颜色为"红色，着色2，深色50%"，图例字体颜色为"白色，背景1"，效果如图6-23所示。

（12）筛选数据。选择"小于"筛选命令，设置筛选条件为求和项费用小于10000，效果如图6-24所示（效果\第6章\实验四\原料采购清单.xlsx）。

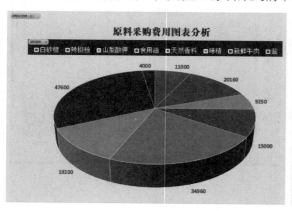

图6-23　编辑数据透视图　　　　　　　　图6-24　筛选数据

3. 打印"业务员销售额统计表"工作表

对于商务办公来说，通常需要将编辑美化后的表格打印出来，让公司人员或客户查看。而打印时为了在纸张中完美呈现表格内容，就需要对工作表的页面、打印范围等进行设置。完成设置后，可预览打印效果。下面打印"业务员销售额统计表"工作表，具体操作如下。

（1）设置页面和页边距。打开"业务员销售额统计表"工作簿（素材\第6章\业务员销售额统计表.xlsx），设置打印方向为"横向"，缩放比例为"120%"，纸张大小为"A4"，表格内容居中，并进行打印预览。

微课：打印"业务员销售额统计表"工作表的具体操作

（2）添加页眉和页脚。设置页眉位置为"中"，内容为"宏安家具连锁"，设置页脚内容为"第1页"。

（3）设置表格打印区域。将A1:F11单元格区域设置为打印区域，预览效果。

（4）打印设置。设置将表格打印2份。

（五）实验练习

1. 使用数据透视表分析部门费用

打开"部门费用统计表"工作簿（素材\第6章\实验四\部门费用统计表.xlsx），生成包含"所属部门""员工姓名"和"入额"字段信息的数据透视表，并进行数据筛选（效果\第6章\实验四\部门费用统计表.xlsx），参考效果如图6-25所示，要求如下。

微课：使用数据透视表分析部门费用的具体操作

（1）创建数据透视表，并将其放置到新工作表中。

（2）对"所属部门"和"员工姓名"进行分类，对"入额""出额""余额"费用进行求和汇总。

（3）筛选出"企划部""销售部""研发部"的数据项目。

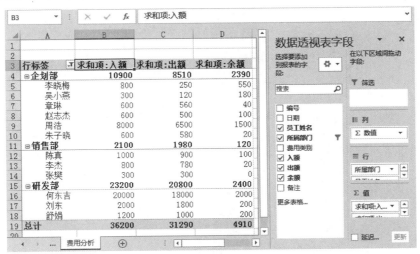

图6-25　使用数据透视表分析部门费用

2. 制作销售额分析图表

打开"销售额分析"工作簿（素材\第6章\实验四\销售额分析.xlsx），制作图表并分析销售额（效果\第6章\实验四\销售额分析.xlsx），参考效果如图6-26所示，要求如下。

（1）创建所有数据源的图表。

（2）将"2014年销售额"数据列删除，将图表标题设置为链接标题，文本样式设置为方正大黑简体、16、黑色，文字1。

（3）将图例放置于图表顶部，文本样式设置为11、黑色，文字1，坐标轴文本样式设置为11、黑色，文字1，隐藏网格线。

（4）添加"专业品牌"数据标签，并设置数据标签文本样式。

（5）为图表区填充"橄榄色，着色3，淡色60%"。

微课：制作销售额分析图表的具体操作

销售额分析(单位:百万)				
	2014年销售额	2015年销售额	2016年销售额	2017年销售额
世界品牌	160.36	150.36	200.94	221.23
全国品牌	120.45	96.35	140.45	155.63
区域品牌	56.9	30.52	63.74	67.16
专业品牌	65.4	28.96	94.84	109.56

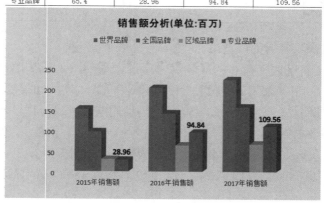

图6-26　制作销售额分析图表

第7章

演示文稿软件PowerPoint 2016

配套教材的第7章主要讲解了使用PowerPoint 2016制作演示文稿的操作方法。本章将介绍PPT的创建与编辑、PPT的美化操作、PPT的动画效果设计、PPT与其他软件的协同工作和输出设置4个实验任务。通过对这4个实验任务的练习，学生可以掌握PowerPoint 2016的相关使用方法，学会利用PowerPoint 2016制作符合学习和工作需要的PPT。

实验一　PPT的创建与编辑

（一）实验学时

2学时。

（二）实验目的

◇　掌握演示文稿的基本操作。
◇　掌握幻灯片的基本操作。
◇　掌握演示文稿母版的设置方法。

（三）相关知识

1. PPT 版式设计原则

掌握图7-1所示的8项PPT版式设计原则，可以让制作出来的PPT更专业。

图7-1　PPT版式设计原则

2. PPT 颜色搭配

幻灯片是背景与文字、图片和图表等的组合，科学合理的颜色搭配是制作精美幻灯片的根本要素。对于大多数人员来说，最简单的方法是采用PowerPoint自带的配色方案。在实际制作过程中，还需要注意以下4点。

（1）遵循不超过3种颜色原则。工作型PPT的风格是专业、严谨，此类幻灯片的整体颜色种类最好不要超过3种。对于一些特定的行业（如广告传媒、创意设计等），设计PPT时应用的颜色可能会超过3种，但颜色的搭配仍然是有规律的。

（2）善用主色、辅色、点缀色原则。在制作PPT时，如果需要用到多种颜色，一定要明确主色、辅色和点缀色。主色、辅色和点缀色之间有严格的面积相对关系，一旦确定下来，PPT中的每张幻灯片都应该遵循这种关系，否则会显得杂乱无章。

（3）PPT的常用配色方案。PPT常用的配色方案有单色搭配、类似色搭配、互补色搭配、双互补色搭配。

（4）巧用灰色。灰色作为背景能够有效地烘托其他元素，特别是与白色或黑色渐变，效果更好。灰色作为普通元素时常被用来表示不重要的部分，在特殊情况下，灰色也有其独特的表现效果，如灰色的文字、图表、色块等。

3. PPT 文字设计

文字在PPT中是不可缺少的元素，可以说是PPT的灵魂，它可以帮助我们传达信息。PPT的文字设计应重点注意以下6点。

（1）字体不超过3种。如果要做出美观的PPT，应保持字体统一，整个PPT中字体不超过3种。

（2）强化重点文字。突出重点的方法有很多，如常用的增大字号、改变字体颜色、添加边框等。

（3）恰当的字体搭配。字体可分为衬线字体与无衬线字体两类，如果确定了PPT的正文字体，那么在设置标题字体时可以在正文字体基础上增大字号或加粗。

（4）文字与线条结合。文字与线条结合使用，不仅能美化版面，更重要的是，线条能够起到划分层次、引导注意力、平衡版面等效果。

（5）文字与图片结合。将图片应用到文字中，并结合各种文字效果和属性设置，就能得到更具有冲击力的效果。

（6）"文中文"特效。"文中文"特效指在文字中间嵌套文字的效果，适合封面页的制作。

提示 在进行文字设计时首先要注意字体的选择，标题字体通常选择有力量、粗犷的字体，如微软雅黑加粗等；正文字体通常比较小，一般以简洁、纤细、易识别为原则，如方正兰亭黑体。字体搭配一般遵循少既是多的原则，一页PPT建议最多使用两种字体，如使用微软雅黑加粗作为标题，微软雅黑light作为正文样式。其次要注意字号的选择，这通常要看PPT的实际应用场合，当PPT用于投影时，字号最小不要低于28号；而作为阅读用的PPT文档，字号最小不要低于10.5号。

4．演示文稿的基本操作

演示文稿的基本操作包括新建、保存和打开演示文稿，下面分别介绍。

（1）新建演示文稿。新建演示文稿主要有新建空白演示文稿、利用模板新建演示文稿、根据现有内容新建演示文稿3种。其中，新建空白演示文稿通过"新建"命令和"Ctrl+N"组合键实现。

（2）保存演示文稿。保存演示文稿的方式与其他Office组件类似。

（3）打开演示文稿。演示文稿主要有4种打开方式，分别是打开演示文稿、打开最近使用的演示文稿、以只读方式打开演示文稿、以副本方式打开演示文稿。

5．幻灯片的基本操作

一个演示文稿通常由多张幻灯片组成。幻灯片的基本操作主要包括新建幻灯片、应用幻灯片版式、选择幻灯片、移动和复制幻灯片、删除幻灯片等。

（1）新建幻灯片。可通过"幻灯片"窗格和"幻灯片"组两种方式新建幻灯片。

（2）应用幻灯片版式。在"开始"/"幻灯片"组中单击"版式"按钮右侧的下拉按钮，在打开的下拉列表中选择一种幻灯片版式即可应用该版式。

（3）选择幻灯片。选择幻灯片操作包括选择单张幻灯片、选择多张幻灯片、选择全部幻灯片3种。

（4）移动和复制幻灯片。移动和复制幻灯片主要有拖动鼠标、菜单命令、快捷键3种方式。

（5）删除幻灯片。在"幻灯片"窗格或幻灯片浏览视图中均可删除幻灯片，可通过单击鼠标右键弹出快捷菜单或"Delete"键删除。

微课：制作"营销计划"演示文稿的具体操作

6．认识母版的类型

PowerPoint 2016中的母版包括幻灯片母版、讲义母版和备注母版3种类型，其作用和视图模式各不相同。

（四）实验实施

1．制作"营销计划"演示文稿

营销计划类演示文稿通常用于企业或集团讨论会议上的演示。下面制作"营销计划"演示文稿，具体操作如下。

（1）根据模板创建演示文稿。通过"开始"菜单启动PowerPoint 2016，选择"文件"/"新建"命令，搜索"营销"关键字，然后选择"红色射线演示文稿（宽屏）"模板创建演示文稿。

（2）保存演示文稿。单击"保存"按钮，打开"另存为"对话框，将演示文稿以"营销计划"为名保存在E盘中，如图7-2所示。

（3）设置定时保存演示文稿。通过"PowerPoint选项"对话框设置PowerPoint 2016定时保存时间间隔为10分钟，如图7-3所示。

图7-2　保存演示文稿　　　　　　　　　图7-3　设置定时保存演示文稿

（4）新建幻灯片。在第2张幻灯片下方新建一个版式为"节标题"的幻灯片，如图7-4所示。

（5）删除幻灯片。通过"Ctrl"键选择第9和第10张幻灯片，使用任意一种方法删除幻灯片，如图7-5所示。

图7-4　新建幻灯片　　　　　　　　　　图7-5　删除幻灯片

（6）复制幻灯片。使用任意一种方法选择第4张、第5张和第6张幻灯片，将它们复制到第6张幻灯片的下方。

（7）移动幻灯片。保持幻灯片选择状态，通过拖动将这3张幻灯片移动到第10张幻灯片下方，如图7-6所示。

（8）修改幻灯片的版式。将第11和第12张幻灯片的版式修改为"空白"样式，如图7-7所示。

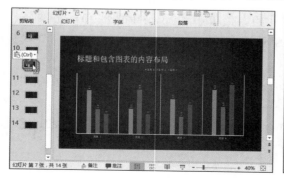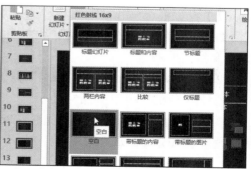

图7-6　移动幻灯片　　　　　　　　　　图7-7　修改幻灯片版式

（9）隐藏和显示幻灯片。通过单击鼠标右键弹出快捷菜单隐藏第11和第12张幻灯片，播放演示文稿后将第12张幻灯片取消隐藏，如图7-8所示。

（10）播放幻灯片。只播放第5张幻灯片，观察效果，如图7-9所示（效果\第7章\实验一\营销计划.pptx）。

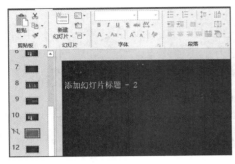

图7-8　隐藏和显示幻灯片

图7-9　播放幻灯片

2. 编辑"微信推广计划"演示文稿

编辑"微信推广计划"演示文稿主要涉及在幻灯片中插入和编辑文本、修饰文本格式，以及编辑艺术字等操作。下面对"微信推广计划"演示文稿进行编辑，具体操作如下。

（1）打开演示文稿。通过PowerPoint 2016中的"打开"操作打开"微信推广计划"演示文稿（素材\第7章\实验一\微信推广计划.pptx）。

（2）移动和删除占位符。删除第1张幻灯片中的副标题占位符，然后将标题占位符向上移动。

微课：编辑"微信推广计划"演示文稿的具体操作

（3）设置占位符样式。为第1张幻灯片中的标题占位符设置样式，其中形状填充为"浅绿"标准色，形状轮廓颜色为"白色，背景1"主题色，样式为"虚线"中的"划线-点"，形状效果为外部阴影中的"偏移：右下"，效果如图7-10所示。

（4）输入文本。在第1张幻灯片的标题占位符中输入"微信推广计划"文本，然后在第2~第14张幻灯片中输入其他的相关文本，效果如图7-11所示。

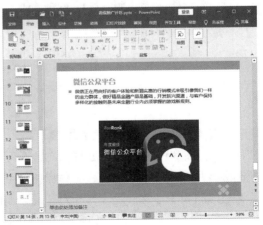

图7-10　设置占位符样式

图7-11　输入文本

（5）绘制文本框。在第15张幻灯片中绘制一个横排文本框，然后输入文本"谢谢聆听"。

（6）设置文本样式。将第1张幻灯片的文本样式设置为方正粗倩简体、白色，背景1，将第15张幻灯片的文本样式设置为方正大黑简体、66号、加粗，并设置自定义颜色的RGB值为"153、204、0"，如图7-12所示。

（7）设置其他幻灯片的文本样式。分别为第2~第14张幻灯片设置文本样式，其中标题占位符中的文本样式为方正粗倩简体，正文文本样式为方正黑体简体，如图7-13所示。

（8）设置艺术字样式。为第1张幻灯片的文本应用艺术字样式，其中文本效果为外部阴影中的"偏移：右下"和映像变体中的"紧密映像，8pt偏移量"，效果如图7-14所示。

（9）设置项目符号和编号，为第6张幻灯片中的正文文本应用项目符号，样式为浅绿色的"带填充效果的大方形项目符号"，然后再为其他文本占位符应用相同的项目符号样式，如图7-15所示（效果\第7章\实验一\微信推广计划.pptx）。

图7-12 设置字体格式

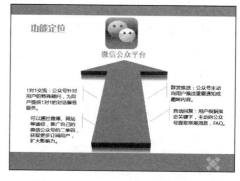

图7-13 设置其他幻灯片的文本样式

图7-14 设置艺术字样式

图7-15 设置项目符号和编号

3. 制作"飓风国际专用"母版

使用母版和模板是快速制作PPT的有效手段，是提高工作效率的必要操作。下面制作一个"飓风国际专用"母版演示文稿，具体操作如下。

（1）页面设置。新建一个名为"飓风国际专用"的空白演示文稿，然后通过"设计"/"自定义"组设置幻灯片页面为"宽屏（16:9）"。

（2）设置母版背景。进入母版视图，将第2张幻灯片的标题和副标题占位符删除，设置背景为"线性对角-右下到左上"的渐变填充，并将中间的渐变颜色滑块删除，将左侧颜色滑块的位置设置为22%，颜色为"13、75、158"，将右侧颜色滑块的颜色修改为"2、160、199"。

（3）插入图片。将"Logo.png""气泡.png"和"曲线.png"3张图片复制到幻灯片中，并调整大小和位置。

（4）设置标题占位符。显示标题占位符并将其移动到中间位置，然后设置占位符的文本样式为方正大黑简体、44号、文本左对齐、白色。

（5）设置图片占位符。插入一个图片占位符，然后将形状修改为椭圆，轮廓设置为"白色，背景1"。

（6）设置文本占位符。在第一个图片占位符的左侧插入一个文本占位符，输入"CKL"，设置文本样式为BankGothic Md BT、28号、白色，将文本占位符和图片占位符复制两个，效果如图7-16所示。

（7）制作母版内容幻灯片。在下方添加一张幻灯片，删除幻灯片中的标题占位符，添加"Logo.png"和"背景.png"图片，将标题幻灯片中右侧的图片和文本占位符粘贴到添加的幻灯片中，并调整到合适位置，效果如图7-17所示。

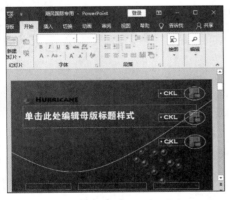

图7-16　设置文本占位符

图7-17　制作内容幻灯片母版

（8）应用幻灯片母版。返回PowerPoint，在其中创建一张标题幻灯片和一张内容幻灯片（效果\第7章\实验一\飓风国际专用.pptx）。

（五）实验练习

1. 编辑"企业文化礼仪培训"演示文稿

打开"企业文化礼仪培训.pptx"演示文稿（素材\第7章\实验一\企业文化礼仪培训.pptx），对其中的幻灯片进行编辑，参考效果如图7-18所示，要求如下。

（1）替换整个演示文稿的字体，输入文本。

（2）为标题占位符单独设置字体，并应用艺术字。

（3）插入文本框，并设置文本框的字体格式。

微课：编辑"企业文化礼仪培训"演示文稿的具体操作

（4）提炼文本内容，添加项目符号，并设置项目符号（效果\第7章\实验一\企业文化礼仪培训.pptx）。

图7-18 "企业文化礼仪培训"演示文稿参考效果

2. 为"楼盘投资策划书"演示文稿设计母版

打开"楼盘投资策划书"演示文稿（素材\第7章\实验一\楼盘投资策划书.pptx），对幻灯片母版进行设置；参考效果如图7-19所示，要求如下。

（1）进入幻灯片母版后，将"城市"和"心形"图片（素材\第7章\实验一\城市.jpg、心形.jpg）分别设置为标题幻灯片和内容幻灯片的背景。

微课：为"楼盘投资策划书"演示文稿设计母版的具体操作

（2）设置标题幻灯片母版中的标题文本颜色为"浅蓝色"，为矩形设置"彩色轮廓-浅绿，强调颜色1"的形状样式，设置内容幻灯片母版中的标题文本颜色为"蓝色"，并设置正文文本行距为1.5倍行距。

（3）为内容幻灯片母版中的正文设置项目符号。

（4）为第4张"节标题"幻灯片设置背景、文本样式和形状样式（效果\第7章\实验一\楼盘投资策划书.pptx）。

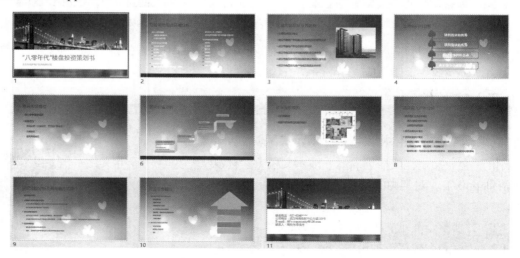

图7-19 "楼盘投资策划书"演示文稿参考效果

实验二　PPT的美化操作

（一）实验学时

2学时。

（二）实验目的

◇　掌握在幻灯片中插入并编辑图片的方法。
◇　掌握在幻灯片中插入和编辑形状、艺术字的方法。
◇　掌握SmartArt图形的编辑方法。
◇　掌握表格和图表的使用方法。

（三）相关知识

1．表格、图表和形状的设计原则

无论是演讲型PPT，还是阅读型PPT，表格、图表和形状都是可能会用到的基本元素。它们不仅可以将枯燥的数据生动直观地展示出来，便于用户对数据进行理解和分析，而且能提升PPT的美感和可读性。

（1）美化表格技巧

表格除了用于归纳数据，其设计风格也会影响PPT的质量。在设计幻灯片表格时，可从以下几方面着手。

① 表格必须清晰明了。美化表格可遵循内容简明扼要、边框宜细不宜粗、不宜过度美化3点原则。

② 提升表格质量。可通过设计表格的组成元素来提升表格质量，主要有色彩搭配遵循主题颜色、让表格具有PPT的气质、突出重点强调数据3种方式。

③ 设计创意表格。可借助外部对象来制作表格，或通过设计表格自身的元素，如边框和底纹等，跳出固定思维模式，设计出独具创意的表格。

（2）美化图表技巧

使用图表可以将数据以各种精美的图形形式展示给大家，图表是不可多得的改善PPT内容质量和丰富版面的工具。PPT的图表设计有以下技巧。

① 图表使用基本原则。正确的图片显示正确的数据、杜绝花枝招展的图表、图形数据应清晰到位、二维效果好于三维效果、坐标和单位必须正确、数据系列应直观且简单。

② 图表元素取舍适度。在PPT中最常用的图表元素主要有图表标题、图例、数据系列、数据标签、网格线和坐标轴等。

③ 美化数据系列。美化数据系列主要可以通过利用层叠效果改善数据系列和利用重叠效果填充数据系列两种方式来实现。

④ 打造出更加形象美观的图表。可巧用形状和图标反映图表数据以打造更加美观形象的图表，也可以直接使用滑块百分比图表效果。

（3）美化形状和图标技巧

使用PPT中的各种形状及由形状编辑而来的各种图标，都能够使PPT质量有很大的提升。下面进一步介绍与形状和图标美化技巧相关的知识。

① 应用现有形状。以形状为元素制作幻灯片，即利用各种现有的形状作为元素制作幻灯片效果。现有形状包括矩形、圆形、弧线、直线等。形状可以作为版面延伸的工具，将单调乏味的幻灯片变得更加饱满、丰富和立体。

② 图标的制作。图标实际上就是各种形状的变形、组合。图标的制作可通过对多个形状进行管理、布尔计算和编辑形状顶点来实现。

2. 图片选择原则

图片在PPT中起着举足轻重的作用，它不仅能提升用户体验，还能聚焦内容、引导视觉、渲染气氛、帮助理解。下面将深入研究在PPT中挑选图片、处理图片和使用图片的思路与技巧。

（1）挑选图片的技巧。挑选图片时，应该从图片的质量、内容、风格、主题等各方面考虑，精挑细选才能得到理想的素材。需要兼顾的原则包括图片的高分辨率需要、图片内容与主题相匹配、图片整体风格要统一、选择有"空间"的图片等。

（2）调整图片的技巧。找到符合需要的高质量图片后，图片的尺寸、色泽亮度等都有可能需要重新修改调整，才能使图片完美地融入PPT。调整图片的操作主要包括裁剪图片、调整图片色泽亮度、删除图片中无用的背景、为图片应用各种图片样式和艺术效果等。

（3）多图排版与图文混排技巧。多图排版与图文混排应遵循多图排列应整齐、利用色块平衡图片、用局部来表现整体、用图片引导内容、文字较多时简化背景原则。

（4）全图型PPT设计技巧。全图型PPT的特点非常鲜明：幻灯片背景为一张高质量图片，图片分辨率极高，能给人以较大的视觉冲击力；图片上只有极度精简的文字内容，文字与图片相辅相成。全图型PPT非常适用于知识分享、产品发布、团队建设等，设计时可从图片的选择、文字的设计及版面的安排等方面入手。

（四）实验实施

1. 制作"产品展示"演示文稿

产品展示类演示文稿通常用于展示企业的产品，主要涉及插入与编辑图片和形状方面的操作，如图片的插入、裁剪、移动、排列、颜色调整及形状的绘制、排列和颜色填充等。下面制作"产品展示"演示文稿，具体操作如下。

微课：制作"产品展示"演示文稿的具体操作

（1）插入图片。打开"产品展示"演示文稿（素材\第7章\实验二\产品展示.pptx），在第2张幻灯片中插入"9"图片（素材\第7章\实验二\9.jpg）。

（2）裁剪图片。将插入图片的多余部分裁剪掉，然后将其移动到合适的位置。

（3）改变图片的叠放顺序。将图片叠放到所有文字图层的下方。

（4）调整图片的颜色和艺术效果。将图片复制到第3张幻灯片中，并将其叠放到所有文字下方，重新着色为褐色。按照相同的方法将图片复制到第4~8张和第12张幻灯片中，并设置重新着色与叠放位置，效果如图7-20所示。

（5）精确设置图片大小。在第4张幻灯片中插入"a4""a6""z"3张图片（素材\第7章\实验二\a4.jpg、a6.jpg、z.jpg），统一将图片的高度设置为"3.49"，并调整图片的摆放位置。

（6）插入并设置图片，在第8张幻灯片中插入8张图片，统一设置图片的高度为"1.64"，然后在第9张、第10张、第11张幻灯片中各插入一张图片，设置图片的高度为"4"，在第12张幻灯片中插入3张图片，将其宽度设置为"2.92"，效果如图7-21所示。

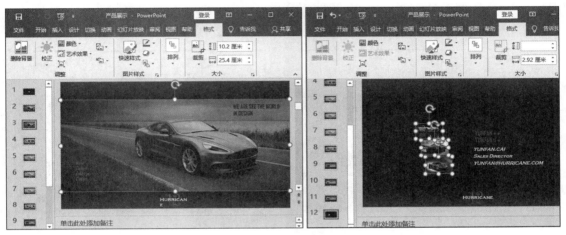

图7-20　调整图片的颜色和艺术效果　　　　　　图7-21　插入并设置图片

（7）排列和对齐图片。将第4张幻灯片中的3张图片顶端对齐，且横向分布，然后拖动鼠标对齐第8张幻灯片中的图片，最后将第12张幻灯中的图片设置为"左对齐"和"纵向分布"，效果如图7-22所示。

（8）组合图片。利用按钮组合第4张幻灯片中的图片，利用鼠标右键快捷菜单组合第8张幻灯片中的图片，然后使用任意方法组合第12张幻灯片中的图片。

（9）设置图片样式。为第4张幻灯片中组合的图片设置边框颜色为"白色，背景1，深色5%"，图片效果为外部阴影中的"右下斜偏移"。

（10）利用格式刷复制图片样式。利用格式刷分别为第8~12张幻灯片中的图片应用第4张幻灯片中图片的样式，效果如图7-23所示。

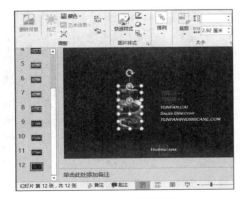

图7-22　排列和对齐图片

图7-23　复制图片样式

（11）绘制形状。在第1张幻灯片中绘制一条水平直线，在第4张幻灯片中绘制一个矩形，将其叠放到背景图像的上方，并设置为无轮廓样式，效果如图7-24所示。

（12）继续绘制形状。在第8张幻灯片中绘制4个相同大小的矩形，设置形状轮廓颜色为"白色,背景1，深色5%"，粗细为0.25磅；在第9张幻灯片中绘制3个矩形，设置形状轮廓颜色为"白色,背景1，深色5%"，粗细为0.25磅。

（13）设置形状填充。设置第4张幻灯片中形状的填充颜色为"白色，背景1"，并将透明度修改为50%；设置第8张幻灯片中的形状填充颜色为"118、0、0"；设置第9张幻灯片中的形状填充颜色为"黑色，文字1，淡色50%"，效果如图7-25所示。

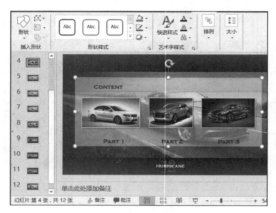

图7-24 绘制并编辑形状 　　　　　　图7-25 设置形状填充

（14）设置形状效果。设置第8张幻灯片中4个矩形的形状效果为外部阴影中的"右下斜偏移"，第9张幻灯片中3个矩形的形状效果为外部阴影中的"右下斜偏移"，然后将第9张幻灯片中的3个矩形复制到第10和第11张幻灯片中，并调整叠放顺序，效果如图7-26所示。

（15）设置线条格式。设置第1张幻灯片中的直线形状轮廓颜色为"白色，背景1"，粗细为"6磅"，线条为渐变线，方向为"线性向右"，"渐变光圈"中左侧滑块的透明度为100%。删除第2个滑块，设置第3个滑块的位置为"50%"，透明度为0%，颜色为"白色，背景1"，设置第4个滑块的透明度为"100%"。复制该直线，将复件移动到下方，并设置为左右居中对齐，效果如图7-27所示（效果\第7章\实验二\产品展示.pptx）。

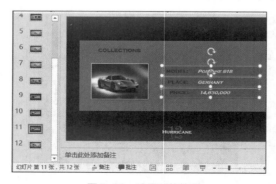
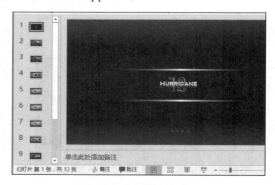

图7-26 设置形状效果 　　　　　　图7-27 设置线条格式

2. 制作"分销商大会"演示文稿

下面制作一个"分销商大会"演示文稿，主要涉及在幻灯片中插入、编辑和美化图表与SmartArt图形等操作，具体操作如下。

（1）插入表格。打开"分销商大会.pptx"演示文稿（素材\第7章\实验二\分销商大会.pptx），删除标题和副标题占位符，然后插入一个"10×5"的表格，最后拖动鼠标调整表格大小。

（2）设置表格背景。设置表格背景为"背景"图片（素材\第7章\实验二\背景.jpg），底纹为"无颜色填充"。

（3）设置表格边框。设置表格边框颜色为"白色，背景1"，笔画粗细为2.25磅，边框为"所有框线"。

（4）编辑表格。合并第4行右侧的5个单元格，设置合并后的单元格底纹颜色为"255、0、100"，然后在其中输入文本，并设置文本样式为方正综艺简体、白色、底端对齐，字号分别为40号和32号。

（5）插入文本框。在右下角绘制一个横排文本框，输入文本后设置文本样式为方正黑体简体、18号、右对齐，效果如图7-28所示。

（6）插入SmartArt图形。新建一张幻灯片，删除内容占位符输入"分销商组织结构图"字样，设置文本样式为方正粗宋简体、24号、左对齐，然后在其中插入一个"标记的层次结构"的SmartArt图形，并拖动鼠标调整大小和位置。

（7）添加和删除形状。在第1行的第一个形状下方添加一个形状，然后删除第3行中第1个和第2个形状，然后在第3行添加5个形状。

（8）在图形中输入文本。直接输入或通过文本窗格输入"亚洲区"等文本，输入后设置文本样式为华文中宋、加粗、文字阴影、黑色。

（9）设置形状大小。在3个矩形上输入"一级分销商""二级分销商""三级分销商"字样，然后设置矩形高度为"3厘米"，设置其他形状的高度为"2.7厘米"。

（10）美化SmartArt图形。更改SmartArt形状的颜色为"渐变循环-着色3"，并应用"中等效果"快速样式。

（11）更改形状。将3个矩形的形状更改为"剪去对角的矩形"形状，然后设置艺术字样式的文本填充为"白色，背景1"，示意效果如图7-29所示（效果\第7章\实验二\分销商大会.pptx）。

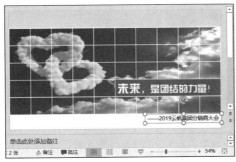

图7-28　插入与编辑表格　　　　图7-29　插入与编辑SmartArt形状

3. 使用图表分析"新品上市推广计划"演示文稿

在PPT中也可通过图表来分析并展示数据。下面使用图表分析"新品上市推广计划"演示文稿中的数据，具体操作如下。

（1）插入图表。打开"新品上市推广计划"（素材\第7章\实验二\新品上市推广计划.pptx）演示文稿，在第13张幻灯片中插入一个"簇状柱形图"图表，然后输入数据，效果如图7-30所示。

（2）编辑图表样式。将图表类型更改为"饼图"，不显示图表标题，设置数据标签为数据标注，图例在右侧，然后调整图表的大小和位置，使其显示在幻灯片右侧。

（3）编辑图标数据。将B6单元格的数据设置为12%，将B8单元格的数据设置为8%。

（4）美化图表。设置数据系列格式的饼图分离程度为25%，设置绘图区格式的填充色为"黄色"，边框颜色为"橙色"，边框宽度为"1.5磅"，设置整个图表区域为图片或纹理填充中的"花束"纹理，效果如图7-31所示（效果\第7章\实验二\新品上市推广计划.pptx）。

微课：使用图表分析"新品上市推广计划"演示文稿的具体操作

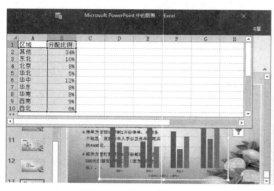

图7-30　输入数据

图7-31　美化图表

（五）实验练习

1. 设计"2019年服装市场调查报告"演示文稿

打开"2019年服装市场调查报告"（素材\第7章\实验二\2019年服装市场调查报告.pptx），对其进行编辑，参考效果如图7-32所示，要求如下。

微课：设计"2019年服装市场调查报告"演示文稿的具体操作

（1）在第4、第5、第6张幻灯片中分别插入对应的图片。

（2）将第4张幻灯片中的图片饱和度设置为200%，应用"柔化边缘椭圆"图片样式。

（3）将第5张幻灯片中的图片锐化设置为50%，应用"双框架，黑色"图片样式。

（4）将第6张幻灯片中的图片亮度设置为+20%，对比度设为0%（正常），应用"映像圆角矩形"图片样式。

（5）在第8张幻灯片中插入"垂直曲形列表"SmartArt图形，输入文本，将SmartArt图形中形状的形状填充和形状轮廓分别设置为橙色、绿色和蓝色（效果\第7章\实验二\2019年服装市场调查报告.pptx）。

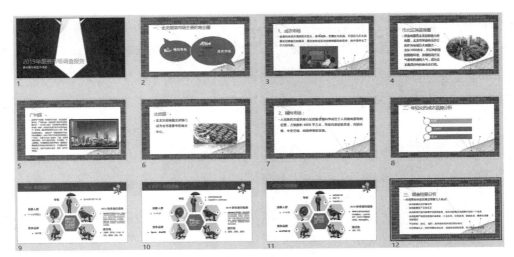

图7-32 "2019年服装市场调查报告"演示文稿参考效果

2. 编辑"企业信息化投资分析报告"演示文稿

打开"企业信息化投资分析报告"演示文稿进行编辑（素材\第7章\实验二\企业信息化投资分析报告.pptx），对文档进行编辑，参考效果如图7-33所示，要求如下。

（1）在第5张、第8张、第10张、第13张幻灯片中分别插入SmartArt图形。

（2）对插入的SmartArt图形进行编辑和美化（效果\第7章\实验二\企业信息化投资分析报告.pptx）。

微课：编辑"企业信息化投资分析报告"演示文稿的具体操作

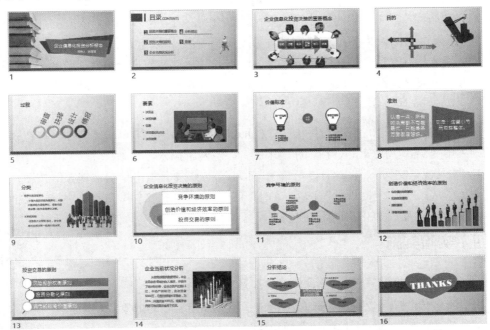

图7-33 "企业信息化投资分析报告"演示文稿参考效果

实验三　PPT的动画效果设计

（一）实验学时

1学时。

（二）实验目的

◇　掌握在幻灯片中添加动画的方法。
◇　掌握在幻灯片中切换动画的方法。
◇　掌握超链接的设置方法。
◇　掌握动作按钮的设置方法。

（三）相关知识

1. 动画设计技巧

（1）动画制作的基本原则。动画制作主要应遵循宁缺毋滥、繁而不乱、突出重点、适当创新4大基本原则。

（2）封面页动画效果。封面页通常采用叠影字动画效果、飞驰穿越动画效果和逐个放大动画效果，让标题更加引人注目。

（3）目录页动画效果。一般采取同时显示或逐个显示两种方式来展示演示文稿框架内容。

（4）内容页动画效果。内容页动画效果的设计因内容的不同而不同，涉及文字、形状、表格、图表和图片等对象。它的设计思路没有固定模式，但应当以内容为依据，有的放矢。

（5）结束页动画效果。结束页主要对观众表示感谢和致意，如添加"谢谢观看""再见"之类的文字，或是体现公司的Logo和理念。若是表示感谢应选择自然、流畅、平静和舒缓的动画效果；若是体现公司的Logo和理念，则应将动画效果设置得更加生动活泼。

2. 插入多媒体文件

（1）插入音频文件。选择幻灯片，在"插入"/"媒体"组中单击"音频"按钮，在打开的下拉列表中提供了"PC上的音频"和"录制音频"两种插入方式。

（2）插入视频文件。选择幻灯片，在"插入"/"媒体"组中单击"视频"按钮，在打开的下拉列表中选择"PC上的视频"选项，在打开的"插入视频文件"对话框中选择要插入的视频文件，单击"插入"按钮即可插入视频。

（四）实验实施

1. 为"欧洲行旅游宣传"演示文稿添加音频和视频

用来进行宣传的演示文稿的设计风格应该是图文并茂、生动形象的。下面为"欧洲行旅游宣传"演示文稿添加音频和视频，具体操作如下。

微课：为"欧洲行旅游宣传"添加音频和视频的具体操作

（1）插入计算机中的音频文件。打开"欧洲行旅游宣传"演示文稿（素材\第7章\实验三\欧洲行旅游宣传.pptx），在其中插入提供的音频素材文件，效果如图7-34所示。

（2）插入录制的音频。在第2张幻灯片中插入录制的音频文件，效果如图7-35所示。

图7-34　插入计算机中的音频文件　　　　图7-35　插入录制的音频文件

（3）美化声音图标。将第1张幻灯片中的声音图标移动到左下角，并将其放大显示，修改图标颜色为"绿色，着色6深色"，然后设置图标效果为发光中的"绿色，18pt发光，着色6"样式，效果如图7-36所示。

（4）插入计算机中的视频文件。在第3张幻灯片下新建一张幻灯片，在其中插入"城市美景"视频（素材\第7章\实验三\城市美景.mp4），然后将视频文件与幻灯片左侧和顶端对齐，并将其大小调整到与幻灯片一致。设置视频在单击时开始播放，播完返回开头，并裁剪视频在"00:03"秒开始，"00:15"秒结束，效果如图7-37所示。

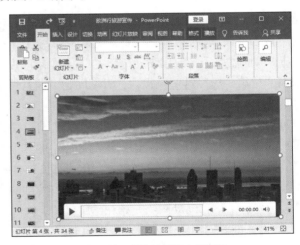

图7-36　美化声音图标　　　　　　　　图7-37　插入计算机中的视频

（5）美化视频样式。将第14张幻灯片的视频颜色调整为"亮度：0%（正常），对比度：-20%"，视频样式设为"监视器，灰色"，效果如图7-38所示。使用相同的方法将"罗马"幻灯片中的视频样式设置为"映射左透视"，效果如图7-39所示（效果\第7章\实验三\欧洲行旅游宣传.pptx）。

图7-38　美化视频样式　　　　　　图7-39　设置"映射左透视"样式

2. 为"升级改造方案"演示文稿设置动画

动画能使演示文稿更加生动形象。下面为"升级改造方案"演示文稿设置动画，具体操作如下。

微课：为"升级改造方案"演示文稿设置动画的具体操作

（1）添加动画效果。打开"升级改造方案"演示文稿（素材\第7章\实验三\升级改造方案.pptx），为第2张幻灯片左上角的图片应用"飞入"进入动画，为右上角的图片应用"缩放"进入动画。

（2）为文本框添加动画。为第4张幻灯片中的第一个文本框添加"轮子"进入动画，为第2个文本框添加"浮入"进入动画；为第5张幻灯片的第一个文本框添加"淡入"进入动画；为第6张幻灯片左侧的图片和文本框同时添加"形状"进入动画，为右侧的图片和文本框同时添加"随机线条"进入动画；为第7张幻灯片的第1和第2个文本框同时添加"擦除"进入动画，效果如图7-40所示。

（3）设置动画效果。为第2张幻灯片的第1个动画设置计时期间为"非常慢（5秒）"；为第4张幻灯片的第2个动画设置计时期间为"中速（2秒）"；设置第5张幻灯片的动画效果中的声音为"鼓掌"，并调整声音的大小；设置第6张幻灯片的第2个和第4个动画的计时开始为"上一动画之后"；为第7张幻灯片的第1个动画设置效果，其中"正文文本动画"中的组合文本为"按第一级段落"样式，计时期间为"非常慢（5秒）"，为第2个动画设置效果，其中计时期间为"中速（2秒）"。

（4）利用动画刷复制动画。将第2张幻灯片左上角的图片动画效果设置为"自左侧"，利用"动画刷"复制效果并应用到该幻灯片中的其他图片上；将第5张幻灯片的第1个文本框动画复制到该幻灯片中的其他文本框上，效果如图7-41所示。

（5）设置动作路径动画。为第8张幻灯片中的文本框添加路径动画，其中路径样式为"弹簧"，然后上下移动动画的开始和结尾位置。

（6）设置切换动画效果。设置第4张幻灯片的切换效果为"菱形"，第5张幻灯片的动画效果为"加号"，第6张幻灯片的动画效果为"放大"，第7张幻灯片的动画效果为"弹跳切出"，第8张幻灯片的切换声音为"鼓掌"（效果\第7章\实验三\升级改造方案.pptx）。

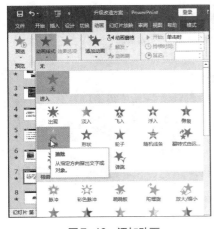

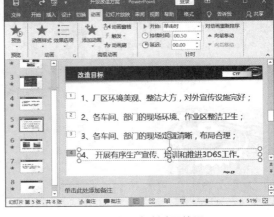

图7-40　添加动画　　　　　　　　　图7-41　复制动画效果

3. 制作两篇关于企业年会报告的演示文稿

下面分别制作"企业资源分析"和"产品开发的核心战略"两篇演示文稿，主要涉及PowerPoint超链接、动作按钮和触发器等方面的知识，具体操作如下。

微课：制作两篇关于企业年会报告的演示文稿的具体操作

（1）插入动作按钮。打开"企业资源分析.pptx"演示文稿（素材\第7章\实验三\企业资源分析.pptx），在第2张幻灯片的右下角插入"动作按钮：转到开头"形状按钮；然后在后面插入"动作按钮：后退或前一项"形状按钮，再插入一个"动作按钮：前进或下一项"形状按钮；最后插入"动作按钮：转到结尾"动作按钮。

（2）编辑动作按钮的超链接。设置开始按钮的播放声音为"电压"，设置后退按钮的鼠标悬停声音为"风声"，设置前进按钮的鼠标悬停声音为"风声"，设置结束按钮的播放声音为"鼓掌"。

（3）编辑动作按钮样式。设置4个动作按钮的高度为"1厘米"，宽度为"2厘米"，对齐方式为"垂直居中"和"横向分布"，形状效果为10磅的"柔化边缘"，透明度为"80%"，然后将其复制到除第1张幻灯片外的其他幻灯片中，效果如图7-42所示。

（4）创建超链接。将第2张幻灯片的"Part 1"文本框链接到第3张幻灯片，然后为"分析现有资源"和"01"两个文本框创建超链接，都链接到第3张幻灯片；将"Part2""分析资源的利用情况""02"3个文本框链接到第4张幻灯片；将"Part3""分析资源的应变能力""03"3个文本框链接到第5张幻灯片；将"Part 4""分析资源的平衡情况""04"3个文本框链接到第6张幻灯片。

（5）绘制并设置形状。打开"产品开发的核心战略"演示文稿（素材\第7章\实验三\产品开发的核心战略.pptx），在第2张幻灯片中插入"下箭头标注"形状，设置填充颜色为"蓝色""无轮廓"；然后输入文本"规划"，文本样式为方正黑体简体、36号、加粗，换行输入文本"Planning"，文本样式为Arial、14号、加粗；接着复制设置好的形状，粘贴两个到其右侧，分别在复制的形状中输入文本"协商Negotiation"和"开发Development"，设置3个形状的对齐方式为"垂直居中""横向分布"；最后将形状组合，效果如图7-43所示。

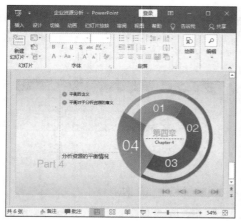

图7-42　编辑动作按钮样式

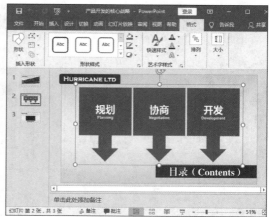

图7-43　绘制并设置形状

（6）设置动画样式。为组合的形状应用"切入"进入动画，效果为"自顶部"，然后添加"切出"退出动画。

（7）设置触发器。设置第1个动画的计时触发器为"单击下列对象时启动动画效果"，并设置为"矩形18：目录（Contents）"；然后将另外一个动画效果移动到触发器的下方，并设置开始为"上一动画之后"，延迟"10.00"，效果如图7-44所示。

（8）插入视频文件。在第2张幻灯片下面通过快捷键复制一张，删除其中的目录，然后在其中插入"项目施工演示动画_标清"视频文件（素材\第7章\实验三\项目施工演示动画_标清.avi），并设置视频开始为"单击时"。

（9）绘制并设置形状。在视频下方插入一个"圆角矩形"，形状样式为"强烈效果-蓝色，强调颜色1"，输入文本"PLAY"，文本样式为思源黑体、32号、加粗、文字阴影，然后将形状复制一个放在右侧，修改文本为"PAUSE"。

（10）添加和设置动画。为插入的视频添加"播放"和"暂停"动画效果。

（11）设置触发器。设置播放动画的触发器为"单击下列对象时启动动画效果"，并设置为"圆角矩形5：PLAY"；设置暂停动画的触发器为"单击下列对象时启动动画效果"，并设置为"圆角矩形11：PAUSE"，效果如图7-45所示（效果\第7章\实验三\产品开发的核心战略.pptx）。

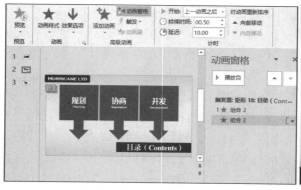

图7-44　设置目录触发器

图7-45　设置视频按钮触发器

（五）实验练习

1. 设计少儿英语课件

根据"少儿英语课件"演示文稿（素材\第7章\实验三\少儿英语课件.pptx），设计出有声有色的演示课件（效果\第7章\实验三\少儿英语课件.pptx），参考效果如图7-46所示，要求如下。

（1）在第2张、第3张和第4张幻灯片中录入教学英语（apple、strawberry、banana）的音频文件，并对音频文件图标进行美化。

（2）在幻灯片母版中为首页外的幻灯片添加动作按钮。

（3）为英语对应的每张水果图片添加"轮子"动画效果。

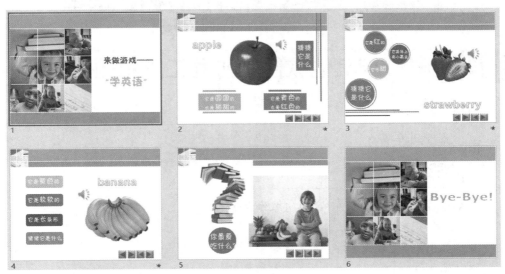

图7-46 "少儿英语课件"演示文稿参考效果

2. 制作"结尾页"演示文稿动画

为"结尾页"演示文稿（素材\第7章\实验三\结尾页.pptx）中的对象制作动画，参考效果如图7-47所示（效果\第7章\实验三\结尾页.pptx），要求如下。

（1）该演示文稿主要包括4个动画：英文字符的动画、虚线框的两个动画和文字的动画。

（2）英文字符的动画是"强调-脉冲"，开始时间为"上一动画之后"，持续时间为"00.50"，动画声音为"鼓掌"；虚线框的一个动画为"进入-基本缩放"，开始时间为"与上一动画同时"，持续时间为"00.40"；虚线框的另一个动画为"退出-淡入"，开始时间为"与上一动画同时"，持续时间为"00.40"。

（3）为小的虚线框设置"进入-缩放"和"退出-淡入"动画，两个虚线框共4个动画效果，且延迟时间不同，可以参考效果文件，也可以自行设置。

（4）为虚线框中的文字设置"进入-缩放"动画，开始时间为"与上一动画同时"，持续时间为"00.30"，同样需要自行设置延迟。

（5）用同样的方法，为另外3个文本和虚线框的组合设置动画。

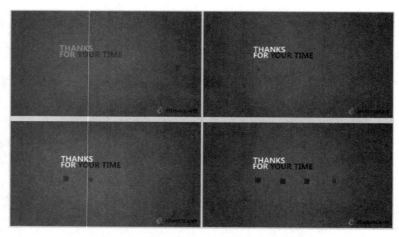

图7-47　"结尾页"演示文稿动画参考效果

实验四　PPT与其他软件的协同工作和输出设置

（一）实验学时

2学时。

（二）实验目的

◇　掌握PowerPoint与其他组件的协同工作方法。

◇　掌握放映演示文稿的方法。

◇　掌握输出演示文稿的方法。

（三）相关知识

1．PPT放映设置

在PowerPoint中，放映幻灯片时可以设置不同的放映方式，如演讲者控制放映、观众自行浏览或演示文稿自动循环放映，还可以隐藏不需要放映的幻灯片和录制旁白等，以满足不同场合的放映需求。

（1）设置放映方式。设置幻灯片的放映方式主要包括设置放映类型、设置放映选项、设置放映幻灯片的数量和设置换片方式等。

（2）自定义幻灯片放映。自定义幻灯片放映指选择性地放映部分幻灯片，通过该方式用户可以将需要放映的幻灯片另存为一个名称再进行放映。这类放映主要适用于内容较多的演示文稿。

（3）隐藏幻灯片。在"幻灯片"窗格中选择需要隐藏的幻灯片，在"幻灯片放映"/"设置"组中单击"隐藏幻灯片"按钮，即可隐藏幻灯片，再次单击该按钮可将其重新显示。

（4）录制旁白。在"幻灯片放映"/"设置"组中单击"录制幻灯片演示"按钮，打开"录制幻灯片演示"对话框，在其中选择要录制的内容后单击"开始录制"按钮，此时幻灯片开始放映并开始计时录音。

（5）设置排练计时。在"幻灯片放映"/"设置"组中单击"排练计时"按钮，进入放映排练状态，并在放映界面左上角打开"录制"工具栏。开始放映幻灯片，幻灯片在人工控制下不断进行切换，同时在"录制"工具栏中进行计时，完成后弹出提示框确认是否保留排练计时，单击"是"按钮即可。

2. 放映幻灯片

设置幻灯片放映后，即可开始放映幻灯片，在放映过程中演讲者可以进行标记和定位等控制操作。

（1）放映幻灯片。幻灯片的放映包含开始放映和切换放映两种操作。开始放映的方法有从头开始放映、从当前幻灯片开始放映、单击"幻灯片放映"按钮放映3种；切换放映主要有切换到上一张幻灯片放映或切换到下一张幻灯片放映两种操作。

（2）放映过程中的控制。暂停放映可以直接按"S"键或"+"键，也可在需暂停的幻灯片中单击鼠标右键，在弹出的快捷菜单中选择"暂停"命令。此外，在鼠标右键快捷菜单中还可以选择"指针选项"命令，在其子菜单中选择"笔"或"荧光笔"命令，对幻灯片中的重要内容做标记。

（四）实验实施

1. 使用 Word/Excel/PPT 协同制作"公司年终汇报"演示文稿

使用Office的三大组件协同工作可增加演示文稿的美观性，提高工作效率。下面使用Word/Excel/PPT协同制作"公司年终汇报"演示文稿，具体操作如下。

微课：使用
Word/Excel/PPT
协同制作"公司
年终汇报"演示
文稿的具体操作

（1）粘贴对象。打开"公司年终汇报"演示文稿和"年终汇报草稿.docx"文档（素材\第7章\实验四\公司年终汇报.pptx、年终汇报草稿.docx），复制"总经理致辞"下方的正文内容到第3张幻灯片中，保留原格式并增大字号；使用相同的方法，将"总体概括"和"明年计划"下方的正文内容分别复制到第8张、第9张幻灯片中，并进行调整。

（2）复制图表。打开"产品生产统计"工作簿（素材\第7章\实验四\产品生产统计.xlsx），复制"生产质量"工作表中的图表到第5张幻灯片中，并粘贴为"图片（增强型图元文件）"格式，移动图片的位置，调整为合适的大小，效果如图7-48所示。

（3）链接对象。打开"产品生产统计"工作簿，将"产品生产统计.xlsx"工作簿的"生产状况"工作表中的数据复制到第4张幻灯片，并粘贴为"Microsoft Excel工作表 对象"链接，效果如图7-49所示。

（4）插入已有对象。在第6张幻灯片中插入"产品销量统计"工作簿（素材\第7章\实验四\产品销量统计.xlsx），调整对象大小使其完全显示，然后取消图表对象的填充色，最后显示主轴次要水平网格线，设置图表中文本的字体为方正粗倩简体，颜色为"黑色，文字1"，效果如图7-50所示。

（5）插入新建对象。在第7张幻灯片中插入"Microsoft Excel图表"对象；然后编辑表格数据，在表格中输入销售额数据，将"A1:D5"作为数据源创建柱形图，取消图表背景填充与边框，更改图表类型为"三维簇状柱形图"；最后将图表移至新工作表中并编辑图表，效果如图7-51所示（效果\第7章\实验四\公司年终汇报.pptx）。

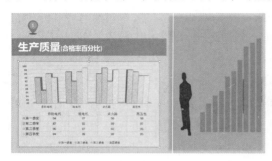

图7-48　复制图表

图7-49　链接对象

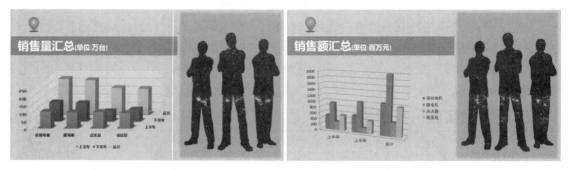

图7-50　插入已有对象　　　　　　　　　　　图7-51　插入新建对象

2. 放映"新品上市发布"演示文稿

微课：放映"新品上市发布"演示文稿的具体操作

放映演示文稿是每个PPT制作者必会的操作。下面放映"新品上市发布"演示文稿，具体操作如下。

（1）设置排练计时。打开"2019年亿联手机发布"演示文稿（素材\第7章\实验四\2019年亿联手机发布.pptx），进入排练计时状态，当第1张幻灯片内容播放完后切换到下一张幻灯片，使用相同的方法录制其他幻灯片的放映时间，然后保存设置的排练计时，如图7-52所示。

（2）录制旁白。设置从当前幻灯片开始录制旁白，设置录制范围不包含幻灯片和动画计时，录制完成后按"Esc"键退出幻灯片录制状态，如图7-53所示。

（3）隐藏/显示幻灯片。隐藏第10~24张幻灯片，然后重新显示第18~22张幻灯片。

（4）设置放映方式。设置放映类型为"演讲者放映（全屏幕）"，放映选项为"循环放映，按Esc键终止"，放映范围为第9~69张幻灯片，切换方式为"如果出现计时，则使用它"，如图7-54所示。

（5）一般放映。先从第52张幻灯片处放映，然后从开始处放映幻灯片。

（6）自定义放映。新建一个名为"手机新功能与特色介绍"的自定义放映方案，在其中添加第9~54张幻灯片，然后调整第48~54张幻灯片到最上方。

（7）通过动作按钮控制放映过程。当放映到第40张幻灯片时通过按钮切换到下一张幻灯片放映，然后再返回第1张幻灯片放映。

（8）快速定位幻灯片。在放映演示文稿的过程中查看所有幻灯片，然后定位到第43张幻灯片，最后再返回到首页播放。

（9）为幻灯片添加注释。启动笔功能，设置笔的颜色为"蓝色"，然后在幻灯片中标记下画线，在第62张幻灯片中使用"红色"的荧光笔标注重点内容，如图7-55所示。

图7-52 设置排练计时

图7-53 录制旁白

图7-54 设置放映方式

图7-55 为幻灯片添加注释

（10）为幻灯片分节。为第9~第24张幻灯片创建名为"外观介绍"的节，使用相同的方法创建其他节，并按照幻灯片的内容分别进行重命名，然后分别放映每节的内容（效果\第7章\实验四\2019年亿联手机发布.pptx）。

3. 输出"年度工作计划"演示文稿

演示文稿除了可以用于放映，还可以输出使用。下面输出"年度工作计划"演示文稿，具体操作如下。

（1）将演示文稿转换为图片。打开"年度工作计划"演示文稿（素材\第7章\实验四\年度工作计划.pptx），将所有的幻灯片导出为"PNG可移植网络图形格式"格式的图片，效果如图7-56所示（效果\第7章\实验四\年度工作计划）。

微课：输出"年度工作计划"演示文稿的具体操作

（2）将演示文稿导出为视频文件。其中文件名称保持默认，格式为".wmv格式"（效果\第7章\实验四\年度工作计划.wmv）。

（3）将演示文稿导出为PDF文件。其中默认文件名称，范围为全部，且包括墨迹标记，效果如图7-57所示（效果\第7章\实验四\年度工作计划.pdf）。

（4）将演示文稿打包成CD。设置CD名称为"工作计划CD"，然后导出（效果\第7章\实验四\年度工作计划）。

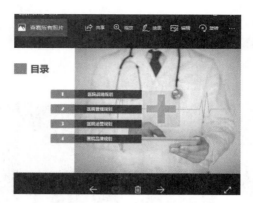

图7-56　将演示文稿转换为图片

图7-57　将演示文稿导出为PDF文件

（5）打印幻灯片。将所有的幻灯片整页打印1份，纵向打印备注页幻灯片，打印2张讲义幻灯片。

（五）实验练习

1. 放映并打印"年度销售计划"演示文稿

打开"年度销售计划"演示文稿（素材\第7章\实验四\年度销售计划.pptx），对其进行演示放映（效果\第7章\实验四\年度销售计划.pptx），参考效果如图7-58所示，要求如下。

微课：放映并打印"年度销售计划"演示文稿的具体操作

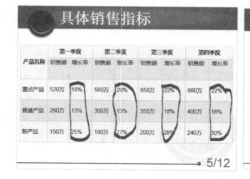

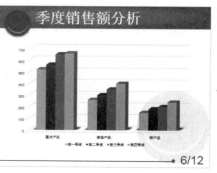

图7-58　放映并打印"年度销售计划"演示文稿

（1）将放映类型设置为"演讲者放映（全屏幕）"。

（2）从第1张幻灯片开始放映，并通过"查看所有幻灯片"方式跳转幻灯片。

（3）为第4张幻灯片的工作目标添加紫色下画线，为第5张幻灯片的销售增长率添加蓝色圆圈注释。

（4）保存注释内容，退出放映。

（5）以每张纸打印2张幻灯片的方式，横向打印演示文稿。

2. 制作"销售业绩报告"演示文档

下面利用所学的PowerPoint知识，制作"销售业绩报告.pptx"演示文稿，参考效果如图7-59所示，要求如下。

微课：制作"销售业绩报告"演示文档的具体操作

（1）主题颜色设计。蓝色较能体现商务风格和积极向上的含义，本例选择蓝色作为主题颜色，同时本例要体现公司的成长性，所以主题颜色采用浅蓝色。浅蓝色属于暖色系的温和系列，可以使用同样色系的浅绿色和具有补色关系的红色作为辅助颜色。

（2）版式设计。可以考虑使用参考线，将幻灯片平均划分为左右两部分，再在4个边缘划分出一定区域，主要在上下两个区域添加一些辅助信息或徽标，上部边缘可以作为内容标题区域，下部边缘则放置公司徽标。

（3）文本设计。主要文本样式为"思源黑体"，颜色以蓝色和白色为主，英文字体与中文字符一致，制作起来比较方便。另外，标题页和结尾页使用其他文本样式，强调标题。

（4）形状设计。形状设计主要以绘制图形、制作图表为主，有些形状比较复杂，可以复制效果文件中形状直接使用。

（5）幻灯片设计。除标题和结尾页外，需要制作目录页和各小节的内容页（效果\第7章\实验四\销售业绩报告.pptx）。

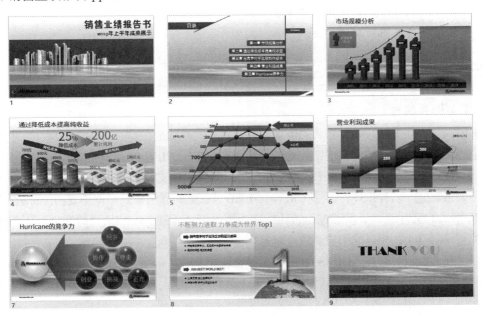

图7-59 制作"销售业绩报告"演示文稿的参考效果

第 8 章
多媒体技术及应用

配套教材的第8章主要讲解了多媒体技术及应用方法。本章将介绍使用图像处理软件Photoshop和使用矢量动画制作软件Flash两个实验任务。通过对这两个实验的练习，学生可以了解图像处理软件和动画制作软件的相关操作，能够运用Photoshop和Flash进行图像和动画制作。

实验一 使用图像处理软件Photoshop

（一）实验学时

3学时。

（二）实验目的

◇ 掌握Photoshop CC的图像处理方法。

◇ 掌握网页效果图的制作方法。

（三）相关知识

1. 常见图片格式

Photoshop CC共支持20多种格式的图像，并可对不同格式的图像进行编辑和保存。下面分别介绍常见的文件格式，其中网页中常用的图片格式有JPEG、GIF和PNG 3种。

（1）JPEG（*.jpg）格式。JPEG是一种有损压缩格式，支持真彩色，生成的文件较小，是常用的图像格式之一。JPEG格式支持CMYK、RGB、灰度的颜色模式，但不支持Alpha通道。在生成JPEG格式的文件时，可以通过设置压缩的类型，产生不同大小和质量的文件。压缩程度越大，图像文件就越小，相对的图像质量就越差。

（2）GIF（*.gif）格式。GIF格式的文件是8位图像文件，最多为256色，不支持Alpha通道。GIF格式的文件较小，常用于网络传输，在网页上见到的图片大多是GIF和JPEG格式的。GIF格式与JPEG格式相比，其优势在于GIF格式的文件可以保存动画效果。

（3）PNG（*.png）格式。GIF格式文件虽小，但在图像的颜色和质量上较差，而PNG格式可以使用无损压缩方式压缩文件，支持24位图像，产生的透明背景没有锯齿边缘，所以可以产生质量较好的图像效果。

（4）PSD（*.psd）格式。PSD格式是由Photoshop软件自身生成的文件格式，是唯一支持全部图像色彩模式的格式。以PSD格式保存的图像可以包含图层、通道、色彩模式等信息。

（5）TIFF（*.tif；*.tiff）格式。TIFF格式是一种无损压缩格式，便于在应用程序之间或计算机平台之间进行图像的数据交换。TIFF格式支持带Alpha通道的CMYK、RGB、灰度文件，支持不带Alpha通道的Lab、索引颜色、位图文件。另外，它还支持LZW压缩。

（6）BMP（*.bmp）格式。BMP格式用于选择当前图层的混合模式，使其与下面的图像进行混合。

（7）EPS（*.eps）格式。EPS格式可以包含矢量和位图图形，最大的优点在于可以在排版软件中以低分辨率预览，而在打印时以高分辨率输出。EPS格式不支持Alpha通道，支持裁切路径，支持Photoshop所有的颜色模式，可用来存储矢量图和位图。在存储位图时，EPS格式还可以将图像的白色像素设置为透明的效果，并且在位图模式下也支持透明效果。

（8）PCX（*.pcx）格式。PCX格式支持1~24bit的图像，并可以用RLE的压缩方式保存文件。PCX格式还支持RGB、索引颜色、灰度、位图的颜色模式，但不支持Alpha通道。

（9）PDF（*.pdf）格式。PDF格式是Adobe公司开发的用于Windows、MAC OS、UNIX、DOS系统的一种电子出版软件的文档格式，适用于不同平台。PDF格式的文件可以存储多页信息，其中包含图形和文本的查找和导航功能。PDF格式还支持超文本链接，因此是网络下载经常使用的文件格式。

（10）PICT（*.pct）格式。PICT格式被广泛用于Macintosh图形和页面排版程序中，是作为应用程序间传递文件的中间文件格式。PICT格式支持带一个Alpha通道的RGB文件和不带Alpha通道的索引文件、灰度、位图文件。PICT格式在压缩具有大面积单色的图像方面非常有效。

2. 位图、矢量图、分辨率

（1）位图。位图也称像素图或点阵图，是由多个像素点组成的。将位图尽量放大后，可以发现图像是由大量的正方形小块构成的，不同的小块上显示不同的颜色和亮度。网页中的图像基本上以位图为主。

（2）矢量图。矢量图又称向量图，是以几何学进行内容运算、以向量方式记录的图像，以线条和色块为主。矢量图形的图像效果与分辨率无关，无论将矢量图放大多少倍，图像都具有同样平滑的边缘和清晰的视觉效果，不会出现锯齿状的边缘现象。矢量图文件尺寸小，通常只占用少量空间。矢量图在任何分辨率下均可正常显示或打印，而不会损失细节。因此，矢量图形在标志设计、插图设计及工程绘图上占有很大的优势。其缺点是色彩简单，也不便于在各种软件之间进行转换使用。

（3）分辨率。分辨率指单位面积上的像素数量，通常用像素/英寸或像素/厘米表示。分辨率的高低直接影响图像的效果，单位面积上的像素越多，分辨率越高，图像就越清晰。分辨率过低会导致图像粗糙，在排版打印时图片会变得非常模糊；而较高的分辨率则会增加文件的大小，并降低图像的打印速度。

3. 图像处理的色彩搭配技巧

优秀的色彩搭配不但能够让画面更具亲和力和感染力，还能吸引观者持续观看。下面对色彩的属性与对比、色彩的搭配方法分别进行介绍。

（1）色彩的属性与对比

色彩由色相、明度及纯度3种属性构成。色相，即各类色彩的视觉感受；明度是眼睛对光源和物体表面的明暗程度的感觉，取决于光线的强弱；纯度也称饱和度，指对色彩鲜艳度与浑浊度的感受。在搭配色彩时，经常需要用到一些色彩的对比。下面对常用的色彩对比进行介绍。

① 明度对比。明度对比指利用色彩的明暗程度进行对比。恰当的明度对比可以产生光感、明快感、清晰感。通常情况下，明暗对比较强时，可以使页面清晰、锐利，不容易出现误差；而当明度对比较弱时，配色效果往往不佳，页面会显得单薄、形象不够明朗。

② 纯度对比。纯度对比指利用纯度强弱形成对比。纯度较弱的对比画面视觉效果较弱，适合长时间查看；纯度适中的对比画面效果和谐、丰富，凸显画面的主次；纯度较强的对比画面鲜艳明朗、富有生机。

③ 色相对比。色相对比指利用色相之间的差别形成对比。进行色相对比时需要考虑其他色相与主色相之间的关系，如原色对比、间色对比、补色对比、邻近色对比，以及最后需要表现的效果。

④ 冷暖色对比。从颜色给人带来的感官刺激考量，黄、橙、红等颜色给人带来温暖、热情、奔放的感觉，属于暖色调；蓝、蓝绿、紫给人带来凉爽、寒冷、低调的感觉，属于冷色调。

⑤ 色彩面积对比。各种色彩在画面中所占面积的大小不同，所呈现出来的对比效果也就不同。

（2）色彩的搭配

色彩的搭配是一门技术，灵活运用搭配技巧能让画面更具有感染力和亲和力。下面对不同色系应用的领域和搭配方法进行具体介绍。

① 白色系。白色称为全光色，是光明的象征色。在视觉设计中，白色具有高级和科技的感觉，通常需要和其他颜色搭配使用。纯白色会带给人寒冷、严峻的感觉，所以在使用白色时，都会掺一些其他的色彩，如象牙白、米白、乳白、苹果白等。另外，在同时运用几种色彩的画面中，白色和黑色可以说是最显眼的颜色。

② 黑色系。在图像设计中，黑色具有高贵、稳重、科技的感觉，许多科技产品的用色，如电视、摄影机、音箱大多采用黑色。黑色还具有庄严的感觉，也常用在一些特殊场合的空间设计，如生活用品和服饰用品设计大多利用黑色来塑造高贵的形象。黑色的色彩搭配适应性非常广，无论什么颜色与黑色搭配都能取得鲜明、华丽、赏心悦目的效果。

③ 绿色系。绿色通常给人健康的感觉，所以也经常用于与健康相关的图像设计。当搭配使用绿色和白色时，可以呈现出自然的感觉；当搭配使用绿色和红色时，可以呈现出鲜明且丰富的感觉。同时，一些色彩专家和医疗专家提出，绿色可以适当缓解眼部疲劳，属于耐看色。

④ 蓝色系。高纯度的蓝色会营造出一种整洁轻快的感觉，低纯度的蓝色会给人一种都市现代派感觉。蓝色和绿色、白色的搭配在现实生活中也是随处可见的。主颜色选择明亮的蓝色，配以白色的背景和灰色的辅助色，可以使画面干净简洁，给人庄重、充实的感觉。蓝色、浅绿色、白色的搭配可以使页面看起来非常干净清澈。

⑤ 红色系。红色是强有力、喜庆的色彩，具有刺激效果，容易使人产生冲动，给人愤怒、热情、有活力的感觉。在图像设计中，红色常用来进行突出强调，因为鲜明的红色极容易吸引人们的目光。高亮度的红色通过与灰色、黑色等无彩色搭配使用，可以得到现代且激进的感觉；低亮度的红色易营造出古典的氛围。在商品的促销设计中，往往用红色制造醒目效果，以促进产品的销售。

4. 快速控制图像显示大小

在图像编辑的过程中，经常需要对图像显示的大小进行控制，以便查看图像的效果。用户可采取以下方法进行控制。

（1）放大图像显示比例。按"Z"键切换到放大工具，此时可单击鼠标可放大图像显示；也可直接按"Ctrl++"组合键放大图像显示；或按"Ctrl+Alt++"组合键自动调整窗口。

（2）缩小图像显示比例。按住"Alt"键不放可切换到缩小工具，此时再单击鼠标可缩小图像显示；也可直接按"Ctrl+−"组合键缩小图像显示；或按"Ctrl+Alt+−"组合键自动调整窗口。

5. 快速恢复图像

在Photoshop中对图像进行编辑后，"历史记录"面板中将保留用户最近操作的一些记录，在该面板中可选择需要恢复到的操作步骤。单击选择某条记录后，位于该记录下方的记录将变为灰色显示，用户可以单击这些选项查看这些记录的效果。若重新对图像进行操作，这些记录将消失，而重新记录当前的操作。

（四）实验实施

1. 设计导航条

下面使用Photoshop设计网页导航，参考效果如图8-1所示，具体操作如下。

图8-1　导航条参考效果

（1）在Photoshop CC中新建一个1920px×4500px、背景为白色的文档，并将其保存为"珠宝官网首页.psd"。按"Ctrl+R"组合键显示标尺，根据网页布局规划创建参数线。

（2）根据页面布局规划，在"图层"面板中单击"图层组"按钮，创建图层组，然后双击图层组名称进行重命名，创建相关的图层组。

微课：设计导航条的具体操作

（3）新建图层，选择"矩形选框"工具，设置前景色为灰色（#f1f3f3），在图像区域绘制一个矩形选区，并填充为灰色。

（4）导入"珠宝素材"（素材\第8章\实验一\珠宝素材.psd）中的花纹图像，按"Ctrl+T"组合键调整图像的大小，并将其移动到图像中间的位置。

（5）选择"文字工具"，在"工具"属性栏设置字体为"Helvetica-Roman-Semib"，字号为24号，颜色为金色（#c0a067），在"图像"区域输入"GOOD LUCK"文本。

（6）选择"直线工具"，在"工具"属性栏设置填充颜色为"95%灰色"，然后拖动鼠标在图像区域绘制斜线。

（7）在"图层"面板中将绘制的形状图层拖动到"新建图层"按钮上复制该图层，然后选择图层，在"工具"属性栏中将填充颜色修改为金色。

（8）新建一个图层，使用"矩形选框"工具绘制一个矩形选框，并填充灰色（#f1f3f3），然后使用"文字工具"在其中输入"首页"文本，并设置文本样式为思源黑体、加粗、18号、金色。

（9）在"图层"面板中选择直线和文字等图层，单击"链接"按钮链接图层。

（10）选择"移动工具"，在"工具"属性栏中单击选中"自动选择"复选框，并在其后的下拉列表中选择"图层"选项，将鼠标移动到"首页"文本上，在按住"Alt"键的同时拖动鼠标复制图层，重复操作5次，然后调整图层位置，并修改文本图层的文字。

2. 设计横幅广告

下面设计网页横幅广告，参考效果如图8-2所示，具体操作如下。

图8-2　横幅广告参考效果

（1）打开前面制作的"珠宝官网首页.psd"文件，新建图层，使用"矩形选框工具"绘制一个矩形选框，填充颜色为黄色（#ffe8d2）。

（2）在"图层"面板中单击"创建图层蒙版"按钮，创建一个图层蒙版，选择"画笔工具"，设置笔尖为柔边圆，大小为900px，按"D"键复位前景色，在图像区域单击绘制圆。

微课：设计横幅广告的具体操作

（3）打开"2"图像（素材\第8章\实验一\2.jpg），使用"钢笔工具"和通道抠取人物部分，将其添加到"首饰首页"文件中，并调整图像位置。

（4）打开"27"图像（素材\第8章\实验一\27.jpg），使用"钢笔工具"抠取戒指部分，并将其添加到海报左侧的区域。

（5）复制戒指所在的图层，在按住"Ctrl"键的同时在"图层"面板的图层缩略图上单击，创建选区，并填充灰色（#b8b8b8）。

（6）将图层移动到戒指图层的下方，按"Ctrl+T"组合键调整其大小和位置，然后使用"橡皮擦工具"在图像区域擦拭，制作出阴影效果。

（7）选择"文字工具"，在海报左上方输入文本"DIAMOND RING"，文本样式为stencil std、78.9点、134%字间距、黄色（#ffe8d2）。

（8）依次输入其他文本，分别设置文本样式为思源黑体、48点、灰色（#b8b8b8），幼圆、30点、金色（#c0a067），times new nomans、72.76点、金色（#c0a067）。

（9）使用"直线工具"在海报中绘制两条直线，填充颜色为金色。

（10）选择"自定形状工具"，在"工具"属性栏设置颜色为金色，形状为"花型装饰2"。

（11）拖动鼠标在两条直线中间绘制形状。

3. 设计内容部分

下面设计网页内容部分，部分参考效果如图8-3所示，具体操作如下。

微课：设计内容
部分的具体操作

（1）选择"文字工具"输入文本，设置文本样式为思源黑体、18点、深灰色（#3b3b3b）。使用"直线工具"沿着参考线绘制一条颜色为灰色，大小为1px的直线；然后使用"自定形状工具"，在图像中绘制一个八角形，填充颜色为灰色。

（2）继续在图像下方输入两行文本，并设置文本样式为思源黑体、14点、深灰色。

（3）新建图层，使用"矩形选框工具"绘制一个矩形选区，然后将其填充为黑色，再使用"文字工具"在其上输入文本"立即购买"，设置文本样式为思源黑体、加粗、14点、深灰色。

（4）新建图层，在图像区域绘制一个矩形选区，设置前景色为灰色（#eeeeee），背景色为白色，使用"渐变填充工具"为选区设置从前景色到背景色的渐变填充。打开"19"图像（素材\第8章\实验一\19.tif），将其拖动到图像中，调整"19"图像的大小和位置后，使用"橡皮擦工具"擦除深色的背景区域。

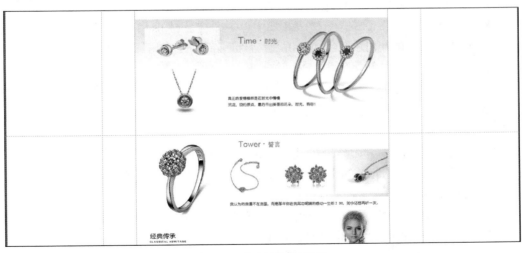

图8-3　内容部分参考效果

（5）新建图层，绘制一个矩形选区，填充浅灰色（#fafafa），然后将矩形图层移动到耳钉所在图层的下方。

（6）打开"17"图像（素材\第8章\实验一\17.tif），将其添加到图像中，选择"橡皮擦工具"，设置画笔为柔边圆，在图像上边缘涂抹，虚化边缘。

（7）将"18"图像（素材\第8章\实验一\18.tif）导入珠宝首页图像中，按"Ctrl+T"组合键调整图像的大小和位置，然后在"图层"面板中设置图层混合模式为"正片叠底"。

（8）使用"文字工具"输入文本"Time·时光"，并设置文本样式，其中"T"的文本样式为Arial、36点、金色，"ime·"的文本样式为Arial、33点、金色，"时光"的文本样式为思源黑体、24点、金色。

（9）继续在图像下方输入文本，设置文本样式为幼圆、14点、深灰色。

（10）将"20"图像（素材\第8章\实验一\20.tif）导入图像区域中，通过自由变换调整图像的大小和位置，然后新建图层，绘制一个矩形选区，并渐变填充选区，颜色为从白色到浅灰色。

（11）导入"6""12""23"图像（素材\第8章\实验一\6.jpg、12.jpg、23.tif），通过"自由变换工具"调整图像的位置和大小。

（12）使用"文本工具"输入文本"Tower·誓言"，文本样式与"Time·时光"相同，继续在图像下方输入需要的文本，文本样式为幼圆、14点、深灰色。

（13）输入文本"经典传承"，文本样式为思源黑体、24点、深灰色，在下方输入英文文本"CLASSICAL HERITAGE"，文本样式为Arial、10点、深灰色。

（14）新建图层，绘制一个矩形选区，并将其填充为黑色。

（15）新建图层，使用"直线工具"在文本下方绘制两条斜线，然后输入文本，设置文本样式为思源黑体、12点、白色。

（16）导入"1"图像（素材\第8章\实验一\1.jpg），按"Ctrl+T"组合键将其调整到合适的大小和位置，添加图层蒙版。

（17）按"D"键复位前景色，然后使用柔边圆画笔在图像边缘涂抹。

（18）将"珠宝素材"图像（素材\第8章\实验一\珠宝素材.psd）中的花纹拖动到首页图像中，按"Ctrl+T"组合键调整图像的大小和位置，然后新建一个图层，利用"矩形选框工具"创建一个矩形选区，并填充白色。

（19）使用"文字工具"，在其中输入相关文本，将文本样式分别设置为思源黑体、20.4点、深灰色，思源黑体、9.52点、深灰色，幼圆、12点、浅灰色。

（20）导入"4"图像（素材\第8章\实验一\4.jpg），调整图像的大小和位置。

（21）新建图层，使用"矩形选框工具"绘制一个矩形选框，填充为黑色，然后使用"文字工具"，在黑色矩形上输入相关的文本，将文本样式分别设置为思源黑体、18点，思源黑体、12点，Berlin sans F、14点。

（22）使用"矩形工具"绘制一个无填充，描边为"白色0.3、粗细"的矩形形状。

（23）继续导入其他的相关素材文件，调整图像的大小和位置。

（24）使用"文字工具"在图像中分别输入英文和中文，将文本样式分别设置为Castellar、31.68点、深灰色，幼圆、18点、深灰色。

（25）新建图层，使用"矩形选框工具"绘制矩形选框，使用"渐变工具"填充选区，渐变颜色为白色到灰色。

（26）将"珠宝素材"图像（素材\第8章\实验一\珠宝素材.psd）中的手绘素材添加到首页图像中，调整其大小和位置后，输入文本，将文本样式设置为幼圆、12点、95%灰色。

微课：设计页尾
部分的具体操作

4. 设计页尾部分

每个网页都有页尾部分。下面设计珠宝官网的页尾部分，参考效果如图8-4所示，具体操作如下。

图8-4　页尾部分参考效果

（1）选择"文字工具"输入文本"购买须知""公司介绍""关注我们"，将文本样式设置为幼圆、12点、深灰色。

（2）继续输入文本，将文本样式设置为幼圆、10点、深灰色。

（3）使用"直线工具"绘制一条描边大小为3点，颜色为95%灰色的直线。

（4）导入"24"图像（素材\第8章\实验一\24.tif），调整图像的大小和位置，然后输入文本完成页尾的设计。

5. 对效果图切片

效果图确定后就可以对制作的效果图进行切片，然后将其导出备用，具体操作如下。

微课：对效果图
切片的具体操作

（1）选择"切片工具"，在"图层"面板中隐藏"首页"和"产品中心"文本所在的图层，然后拖动鼠标在图像区域分别对其背景图像切片。

（2）放大图像，创建一个位置为1px的参考线，然后使用"切片工具"为背景创建切片。

（3）使用相同的方法为其他图像创建切片。

（4）选择"文件"/"存储为Web所用格式…"命令，打开"存储为Web所用格式"对话框，在其中进行设置。

（5）单击"存储"按钮，打开"将优化结果存储为"对话框，在其中设置切片的保存位置和名称，单击"保存"即可将切片保存到指定的位置（效果\第8章\实验一\珠宝官网首页.psd）。

（五）实验练习

1. 设计"御茶"网页效果图

利用相关素材为御茶网设计主页和内页效果图，参考效果如图8-5所示，要求如下。

微课：设计"御
茶"网页效果图
的具体操作

（1）制作首屏。首屏主要包含banner和导航区，为了页面美观，在制作导航时需要设置不同的格式来让文字实现弧形变换效果。

（2）制作第2屏。第2屏主要是介绍"御茶"的来源和产地等特色内容，因此需要对文本进行相关设置，并添加图像。

（3）制作精品系列屏。精品系列屏主要介绍"御茶"品牌推荐系列内容，并为浏览者标识方向，让用户可以自行跳转到具体分类页面。

（4）制作精品推荐屏。推荐屏重点介绍品牌的相关制作工艺，体现品牌的特色。

（5）制作页尾部分。网页页尾通常放置一些网页的补充内容，如网页版权解释等内容，本例还在页尾部分制作了导航栏，使用户能更加方便地浏览网页（效果\第8章\实验一\御茶主页.psd）。

（6）制作御茶内页。使用制作主页的方法为网站制作子页面（效果\第8章\实验一\御茶内页.psd）。

2. 设计"产品中心"页面

为珠宝官网制作一个二级页面，界面效果要符合首页风格，参考效果如图8-6所示，要求如下。

（1）新建图像文件，创建参考线，制作导航栏、banner区、产品展示区、页尾部分。

（2）为页面切片，然后将其导出（效果\第8章\产品中心.psd）。

微课：设计"产品中心"页面的具体操作

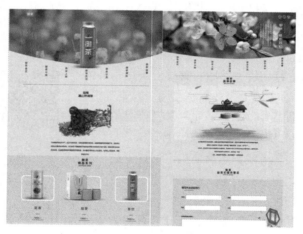

图8-5 "御茶"网页效果图

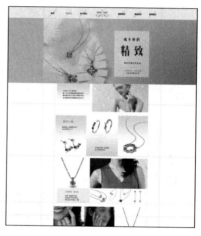

图8-6 "产品中心"页面参考效果

实验二 使用矢量动画制作软件Flash

（一）实验学时

2学时。

（二）实验目的

◇ 掌握Flash的相关操作方法。

◇ 掌握元件和动作的操作方法。

（三）相关知识

1. 新建动画

新建动画时，不仅可新建基于不同脚本语言的Flash动画文档，还可新建基于模板的动画文档。

（1）创建新文档。在Flash启动界面中选择"新建"栏下的一种脚本语言。在Flash工作界面中，选择"件"/"新建"命令，或按"Ctrl+N"组合键，打开"新建文档"对话框。在该对话框的"常规"选项卡中进行选择可创建新文档。

（2）根据模板创建Flash动画。在Flash工作界面中选择"文件"/"新建"命令，打开"新建文档"对话框。选择"模板"选项卡，在"类别"列表框中选择所需的模板类型后，在"模板"列表框中选择相应选项，然后单击"确定"按钮。

2. 设置动画属性

新建好文档后，即可对文档中的内容进行编辑。在编辑之前，可根据需要对文档的舞台、背景和帧频等进行设置。

（1）设置舞台大小。在"属性"面板的"属性"栏中单击"大小"右侧的"编辑文档属性"按钮，打开"文档设置"对话框。拖动鼠标可在对话框的"舞台大小"数值框中自定义舞台的长宽，设置完成后单击"确定"按钮即可。

（2）设置背景颜色和帧频。将鼠标指针移至"属性"面板的"属性"栏的"FPS"右侧的数值上，当鼠标指针变为带双向箭头的形状时，按住鼠标左键不放向右拖动即可增大帧频。在"属性"栏中单击"舞台"右侧的色块，在打开的"颜色"面板中选择颜色代码也可设置颜色。

（3）调整工作区的显示比例。在场景中单击工作区右上角的显示比例下拉列表右侧的下拉按钮，在打开的下拉列表中选择100%以上的选项，即可放大舞台中的对象。在操作界面右侧的工具栏中选择"缩放工具"，将鼠标指针移至舞台中，当鼠标指针变为带放大镜的形状时，按住"Alt"键不放，此时鼠标指针变为带缩小镜的形状，单击两次即可将工作区显示比例缩放为原来的100%。

3. 保存动画

选择"文件"/"保存"命令，打开"另存为"对话框，设置好保存路径和文件名后，单击"保存"按钮即可保存文档。

（四）实验实施

1. 制作元件

在Flash中制作动画通常是将动画的各个部件制作为元件，然后通过元件的不同动作来实现动画效果。下面为动画制作需要的相关元件，具体操作如下。

（1）启动Flash CS6，选择"文件"/"新建"命令，在打开的对话框中设置舞台尺寸大小为1920px×750px，其他保持默认。

（2）选择"文件"/"导入"/"导入到库"命令，在打开的对话框中选择素材文件（素材\第8章\实验二\sy_11.png、ny_02.png），将其导入到库中。

微课：制作元件
的具体操作

（3）在"库"面板中选择"ny_02.png"图像，单击"新建元件"按钮，在打开的对话框中设置元件名称为"冷色"，类型为"图形"，单击"确定"按钮。

（4）此时将进入创建的元件界面，在"库"面板中将导入的"ny_02.png"图像拖入到场景中，单击"水平中齐"按钮和"垂直中齐"按钮。

（5）利用相同的方法为其他素材分别创建为元件。

（6）新建一个默认名称的影片剪辑元件，然后在元件中绘制一个圆形，设置轮廓色为橘色（#FF9900），填充色为白色。

（7）新建一个影片剪辑元件，将"ny_02.png"图片放入元件中，并居中对齐。在时间轴的第2帧处单击鼠标右键，在弹出的快捷菜单中选择"插入空白关键帧"命令，插入一个空白关键帧，然后将"sy_11.png"图片放到该帧处。

（8）单击"新建图层"按钮，新建图层2，然后在第1帧处单击鼠标右键，在弹出的快捷菜单中选择"动作"命令，在打开的面板中输入"stop();"代码，如图8-7所示。

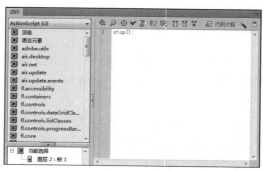 

图8-7　制作元件

2. 添加动作并测试动画

如果想使用Flash制作出效果更为精美的动画，还需要结合脚本动作来完成，具体操作如下。

（1）接上例操作，单击"场景"超链接，返回场景舞台，将刚才创建的元件2拖入舞台，并水平垂直居中对齐，在"属性"面板的"名称"文本框中输入名称"apln"。

微课：添加动作并测试动画的具体操作

（2）将元件1拖曳到场景中，并将其放在元件2的上面，在"属性"面板中修改其名称为"b1"，然后变形到合适大小，设置样式为"亮度"，值为78%。

（3）使用相同的方法再创建1个圆形，名称为"b2"。

（4）新建一个图层，然后在其上单击鼠标右键，在弹出的快捷菜单中选择"动作"命令，在打开的"动作"面板中输入图8-8所示的代码。

（5）按"Ctrl+S"组合键保存，然后按"Ctrl+Enter"组合键打开"测试动画"对话框，在其中查看动画效果，如图8-9所示。

（6）按"Ctrl+Alt+Shift+S"组合键打开"导出影片"对话框，在其中设置导出位置和名称等，这里保持默认设置。完成后单击"保存"按钮即可（效果\第8章\实验二\横幅广告.fla）。

图8-8　添加脚本　　　　　　　　　图8-9　测试动画

（五）实验练习

1. 制作产品宣传动画界面

打开"产品宣传动画界面.fla"动画文档（素材\第8章\实验二\产品宣传动画界面.fla），在其中绘制图形并进行编辑，然后输入文字，并为图像设置滤镜效果，参考效果如图8-10所示（效果\第8章\实验二\产品宣传动画界面.fla），要求如下。

图8-10　产品宣传动画界面参考效果

（1）绘制形状。打开"产品宣传动画界面.fla"动画文档，选择"椭圆工具"，选择"窗口"/"属性"命令，打开"属性"面板。在其中设置"填充颜色"为"#FFFFCC"，"Alpha"为"50%"，设置"内径"为"60.00"，拖动鼠标在场景左上方绘制一个同心圆。

（2）移动图像。使用"移动工具"将黑色的女包移动到之前绘制的同心圆上，使用相同的方法在场景左下方绘制一个同心圆，再将白色的女包移动到左下方的同心圆上。

（3）输入文本。选择"文本工具"，在"属性"面板中设置"系列"的字体为思源黑体，再分别为文本设置不同的大小、颜色，在场景右边输入文本。

（4）为文本设置叠加效果。使用"移动工具"选中所有的文本，在"属性"面板中，展开"显示"栏，设置"混合"模式为"叠加"。

（5）为文本添加滤镜。保持文本的选中状态。在"属性"面板中展开"滤镜"栏，单击"添加滤镜"按钮，在弹出的下拉列表中选择"发光"选项；在"属性"栏中设置"模糊X、模糊Y"均为"16px"；设置"颜色"为"白色（#FFFFFF）"。

（6）绘制形状。使用"矩形工具"在场景左边绘制一个"灰色（#999999）"、不透明度为

"80%"的长方形，再使用"矩形工具"绘制一个"白色（#FFFFFF）"的矩形。选择绘制的白色矩形，选择"任意变形工具"，使用鼠标向右拖动矩形上方中间的黑色控制点，倾斜矩形。使用"线条工具"在绘制的矩形下方绘制一条"笔触"为"3.00"的白色直线。

（7）编辑文本。选择"文本工具"，在"属性"面板中分别设置"系列""大小""行距"为汉仪竹节体简、18.0、97。分别将文本的颜色设置为白色（#FFFFFF）、深红（#990000），使用"文本工具"在场景中输入文本。

（8）为图形添加滤镜。选择黑色、白色女包图像，在"属性"面板中，展开"滤镜"栏，单击"添加滤镜"按钮，在弹出的下拉列表中选择"投影"选项。在"属性"栏中分别设置"模糊X""模糊Y"为"20px""20px"，设置"角度"为"55°"。

（9）调整图像颜色。选择白色女包，在"属性"面板中单击"滤镜"栏下的"添加滤镜"按钮，在弹出的下拉列表框中选择"调整颜色"选项。在"属性"栏中分别设置"亮度""饱和度""色相"为22、6、−9。

微课：制作眼镜
宣传动画的具体
操作

2. 制作眼镜宣传动画

打开"眼镜宣传动画.fla"动画文档（素材\第8章\实验二\眼镜宣传动画.fla）。使用"文本工具"输入文本，然后分离文字并编辑文字效果，最后为文字添加URL地址，参考效果如图8-11所示（效果\第8章\实验二\眼镜宣传动画.fla），要求如下。

图8-11 眼镜宣传动画参考效果

（1）打开动画文档。打开"眼镜宣传动画.fla"动画文档。选择"文本工具"，在"属性"面板中，分别设置"文本引擎""文本类型"为"TLF文本""只读"，分别设置"系列""样式""大小""颜色"的文本样式为汉仪综艺体简、Regular.94.0、灰色（#666666）。使用鼠标在场景中单击并输入文本"狂欢季"。

（2）移动、复制文本。选中输入的文本，按两次"Ctrl+B"组合键，分离文本。按"Ctrl+C"组合键复制文本，按"Ctrl+V"组合键粘贴文本。使用鼠标选择复制的文本，将其移动到比原文本偏左上方的位置。

（3）填充颜色。选择"窗口"/"颜色"命令，打开"颜色"面板，设置"颜色类型"为"径向渐变"，在"流"栏中单击"反射颜色"按钮，设置渐变颜色为"#EC8015"和"#FFD0B1"。

（4）填充文本边缘。选择"墨水瓶工具"，在"属性"面板中单击"笔触颜色"色块，在弹出的选色器中选择"白色（#FFFFFF）"，设置"Alpha"为"40"，再设置"笔触"为"2.00"。单击复制的文本，填充文本边缘。

（5）设置文本属性。选择"文本工具"，在"属性"面板中设置"改变文字方向"为"垂直"，再分别设置"系列""大小"为汉仪圆叠体简、70.0。在"狂欢季"左侧输入文本"购物"。

（6）变形文字。在"工具"面板中选择"任意变形工具"。将鼠标指针移动到文字下方中间的黑心圆点上，按住鼠标向左边拖动使文字倾斜。

（7）为文字填充颜色。按两次"Ctrl+B"组合键，分离文本。在"颜色"面板中设置"颜色类型"为"线性渐变"，设置颜色为"#FFDE58"和"#FFF3B6"。

（8）输入文本。选择"文本工具"，在"属性"面板中设置"改变文字方向"为"水平"。输入文本并选中输入的文本，分别设置"系列""颜色""大小"为汉仪菱心体简、茶色（#996600）、24.0。使用相同的方法输入文本并选中输入的文本，分别设置"系列""颜色""大小"为思源黑体、茶色（#996600）、13.0。

（9）设置段落样式。输入文本并选中输入的文本，在"字符"栏中分别设置"系列""颜色""大小"为思源黑体、白色（#FFFFFF）、10.0。在"段落"栏中单击"居中对齐"按钮。

第 9 章
网页制作

配套教材的第9章主要讲解了网页制作的操作方法。本章将介绍网页的创建与基本操作、网页表格与表单的制作、网页DIV+CSS布局设计3个实验任务。通过对这3个实验任务的练习，学生可以掌握网页设计与制作的方法，能利用Dreamweaver CC制作网页。

实验一　网页的创建与基本操作

（一）实验学时

2学时。

（二）实验目的

◇　掌握网站制作的基本流程。

◇　掌握Dreamweaver CC的基本操作方法。

◇　掌握基本网页的编辑操作。

（三）相关知识

1. 制作网站的基本流程

下面对网站的策划、制作网站的准备工作、制作及上传网页的相关知识进行介绍。

（1）网站的分析与策划。网站的分析与策划是制作网页的基础。在确定要制作网页后，应该先对网页进行准确的定位，以确保网页的设计效果和功能水平。其涉及的内容包括网站的主题和定位，网站的目标、内容与形象规划，素材和内容收集，网站的风格定位及网站推广等。

（2）网页效果图设计。网页效果图设计与传统的平面设计相同，通常使用Photoshop进行界面设计。可利用Photoshop图像处理上的优势制作多元化的效果图，然后对图像进行切片并导出为网页。

（3）创建并编辑网页文档。完成前期的准备工作后，就可以启动Dreamweaver进行网页的初步设计了。此时应该先创建管理资料的场所——站点，并对站点进行规划，确定站点的结构，包括并列、层次、网状等结构，可根据实际情况选择。然后在站点中创建需要的文件和文件夹，并对页面中的内容进行填充和编辑，丰富网页中的内容。

（4）优化与加工网页文档。为了增加网页被浏览者搜索到的概率，还需要适时地对网站进行优化。网站优化包含的内容很多，如搜索关键字的优化、使网站导航更加清晰、完善在线帮助功能等。通过优化可以更完整地体现和发挥网站的功能。

（5）测试并发布HTML文档。完成网页的制作后，还需对站点进行测试并发布。站点测试可根据浏览器种类、客户端要求及网站大小等要求进行测试，通常是先将站点移到一个模拟调试服务器上，再对其进行测试或编辑。

（6）网站的更新与维护。将站点上传到服务器后，需要每隔一段时间就对站点中的某些页面进行更新，保持网站内容的新鲜度以吸引更多的浏览者；此外，应定期打开浏览器检查页面元素和各种超链接是否正常，以防止死链接情况的存在；最后还需要检测后台程序是否已被黑客篡改或注入，以便及时修正。

2. 网页中常用的图像格式

在网页中插入图像时，一定要先考虑网页文件的传输速度、图像的大小和图像质量的高低。应在保证网页传输速度的情况下，压缩图像的大小。压缩时，一定要保证图像的质量。目前网页支持的图像格式主要有3种：GIF、JPEG（JPG）和PNG。

（四）实验实施

微课：创建并编辑"宝莱灯饰"网站的具体操作

1. 创建并编辑"宝莱灯饰"网站

本例要为宝莱灯饰公司制作电子商务网站，创建站点，然后对站点进行编辑。下面主要制作网页需要的文件和文件夹，具体操作如下。

（1）启动Dreamweaver CC，选择"站点"/"新建站点"命令，打开"站点设置对象未命名站点2"对话框。

（2）在"站点名称"文本框中输入站点名称，这里输入"dengshi"，单击对话框中的任意位置，确认站点名称的输入，此时对话框的名称会随之改变。在"本地站点文件夹"文本框后单击"浏览文件夹"按钮，打开"选择根文件夹"对话框。

（3）在"选择根文件夹"对话框中选择存放站点的路径，这里选择"dengshi"文件夹，然后单击"选择文件"按钮。

（4）返回"站点设置对象"对话框，选择左侧的"高级设置"选项卡，展开其下的列表，选择"本地信息"选项。然后在右侧的"Web URL"文本框中输入网址，单击选中"区分大小写的链接检查"复选框，单击"保存"按钮。

（5）稍后在面板组的"文件"面板中即可查看创建的站点。然后在"站点-dengshi"选项上单击鼠标右键，在弹出的快捷菜单中选择"新建文件"命令。

（6）此时新建文件的名称呈可编辑状态，输入"index"后按"Enter"键确认。

（7）继续在"站点-dengshi"选项上单击鼠标右键，在弹出的快捷菜单中选择"新建文件夹"命令。

（8）将新建的文件夹重命名为"gybaolai"，按"Enter"键确认。

（9）按相同的方法在创建的"gybaolai"文件夹上利用鼠标右键快捷菜单创建4个文件和1个文件夹，其中4个文件的名称依次为"qijj""qywh""ppll""fzlc"，文件夹的名称为"img"，用于存放图像。

（10）在"gybaolai"文件夹上单击鼠标右键，在弹出的快捷菜单中选择"编辑"/"拷贝"命令。

（11）继续在"站点-dengshi"选项上单击鼠标右键，在弹出的快捷菜单中选择"编辑"/"粘贴"命令；在粘贴得到的文件夹上单击鼠标右键，在弹出的快捷菜单中选择"编辑"/"重命名"命令。

（12）输入新的名称"syzs"，按"Enter"键打开"更新文件"对话框，单击"更新"按钮。

（13）修改"syzs"文件夹中前两个文件的名称，然后在按住"Ctrl"键的同时选择剩下的两个文件，单击鼠标右键，在弹出的快捷菜单中选择"编辑"/"删除"命令。

（14）在打开的提示对话框中单击"是"按钮确认删除文件。使用相同的方法新建"sjspt"文件夹，然后在其中创建一个"img"文件夹和"sjspt"文件。

2. 制作"花火简介"网页

在"hhjj.html"网页的基础上，通过添加水平线、输入文本、设置文本、添加特殊符号等操作进行美化，具体操作如下。

（1）打开"hhjj.html"网页文件（素材\第9章\实验一\hhjj.html），将鼠标指针移动到外侧DIV中单击定位插入点，然后选择"插入"/"水平线"命令，插入一条水平线。

微课：制作"花火简介"网页的具体操作

（2）将插入点定位到内侧DIV中，输入文本"花火植物家居馆……"（素材\第9章\实验一\花火简介.txt）。输入完"进出口等为一体的农业产业化国家重点龙头企业。"后按"Enter"键分段。

（3）继续使用相同的方法输入其他文本，并在对应的位置进行分段。

（4）拖动鼠标选择输入的文本，在"属性"面板中单击"CSS"按钮，在"字体"下拉列表框右侧单击下拉按钮，在打开的下拉列表框中选择"管理字体"选项。

（5）打开"管理字体"对话框，选择"自定义字体堆栈"选项卡，在右侧的"可用字体"列表框中选择"思源黑体"选项，单击"插入"按钮将其添加到"字体"列表中。单击"添加"按钮添加一个"字体"列表，在"可用字体"列表框中选择"黑体"选项，单击"插入"按钮。

（6）单击"完成"按钮关闭"管理字体"对话框。在"属性"面板中单击"字体"下拉列表框右侧的下拉按钮，在打开的列表框中选择"思源黑体"选项。

（7）在"大小"下拉列表框中选择"16"选项，将插入点定位到"花火植物家居馆"文本后，选择"插入"/"字符"/"商标"命令，即可在插入点处插入商标符号。

（8）将插入点定位到文本开始处，按"Ctrl+Shift+Space"组合键插入一个空格，然后重复操作，使文本缩进两个字，最后使用相同的方法为其他段落设置缩进效果，效果如图9-1所示（效果\第9章\实验一\hhjj.html）。

　　花火植物家居馆™创立于2000年，公司总部位于四川省成都市，在职员工200余人，其中科技人员70余人，现拥有生产基地总面积2100余亩，温室大棚面积50万平方米，是集植物培育、加盟连锁业务、电子商务、科技研发、农业休闲观光、种苗进出口等为一体的农业产业化国家重点龙头企业。

　　公司是国内超大型多肉植物生产商，年产多肉植物达1亿株，现有多肉植物品种500余种，涵盖景天科、百合科、番杏科等科属，并已建立领先的多肉植物新品种研发和组织培养技术体系。公司拥有国家种子种苗进出口资质，2016年在欧洲设立了多肉种苗备货农场，多肉植物种苗均为国外原种进口，公司自行繁殖并进行大规模标准化培育。

　　公司以"一缕芬芳就是一片闲暇时光"为品牌口号，已具备"品相、品质、品牌"的多肉植物、绿植小盆栽、爬藤花卉、水培植物等产品，通过"质量优、价格优、服务优"的理念，全面铺开线上线下互动的销售模式。目前公司已在多个国内一、二线城市建立了花火植物A级小站，在全国二十多个省（区市）拥有200多家包经销商，并正在通过各级经销商发展更多的分销网点，把花火高品质的产品送达消费者的身边。在线上，公司搭建了自营电商平台，并在天猫、京东等电商平台开设了旗舰店。线上线下同步推进的新零售布局，为公司后续的产业发展奠定了坚实的基础。

　　不忘初心，方得始终！花火植物家居馆坚守标准化农业十余年，立志要做现代农业创意体验的开拓者和坚守者，发展"创意绿植、核心产业"，为打造世界级的"花火植物王国"而努力。

图9-1　"花火简介"网页参考效果

3. 制作"植物分类"网页

微课：制作"植物分类"网页的具体操作

　　网站通常由多个页面组成，每个网页都需要设计者精心制作。下面为花火植物网站制作一个"植物分类"页面，该页面是"花火植物"网站中的二级页面，主要用于用户快速查找需要的产品类型，具体操作如下。

　　（1）启动Dreamweaver CC，打开"fenlei"网页（素材\第9章\实验一\fenlei.html），将插入点定位到第2个DIV标签中，选择"插入"/"图像"/"图像"命令，打开"选择图像源文件"对话框。

　　（2）在"选择图像源文件"对话框中找到要插入的图像，这里选择"hhbzzx_02.png"图像（素材\第9章\实验一\images\hhbzzx_02.png），然后单击"确定"按钮。

　　（3）此时图像将被插入到鼠标指针所在的位置，将插入点定位到名称为"button"的DIV标签中，使用相同的方法插入"hhbzzx_14"图像（素材\第9章\实验一\images\hhbzzx_14.png）。

　　（4）将插入点定位到网页下方的单元格中，选择"插入"/"图像"/"鼠标经过图像"命令，打开"插入鼠标经过图像"对话框。单击"原始图像"文本框右侧的"浏览"按钮，打开"原始图像"对话框，选择素材中提供的"hhbzzx_05"图像（素材\第9章\实验一\images\hhbzzx_05.png），单击"确定"按钮。

　　（5）返回"插入鼠标经过图像"对话框，使用相同的方法将"鼠标经过图像"设置为"hhbzzx_05_05"图像（素材\第9章\实验一\images\hhbzzx_05_05.png），单击"确定"按钮。

　　（6）按"Ctrl+S"组合键保存网页，按"F12"键预览网页效果。将鼠标指针移至网页下方的图像上，该图像将自动更改为不带颜色的图像效果，然后使用相同的方法为其他图像创建鼠标经过图像，完成后的参考效果如图9-2所示（效果\第9章\实验一\fenlei.html）。

（五）实验练习

1. 创建"花火植物"站点

微课：创建"花火植物"站点的具体操作

　　下面为"花火植物"网站创建并规划站点，需要先规划站点结构，明确站点每部分的分类及分类文件夹中的页面，最后在Dreamweaver中进行站点、文件和文件夹的创建与编辑，参考效果如图9-3所示，要求如下。

图9-2 "植物分类"网页参考效果

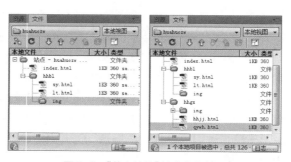

图9-3 "花火植物"站点参考效果

（1）启动Dreamweaver CC，选择"站点"/"新建站点"命令，新建"huahuozw"站点。

（2）在"文件"面板中新建"index.html"网页和"hhbl"文件夹，在"hhbl"文件夹中新建"sy.html""lt.html"网页文件和"img"文件夹。

（3）复制并粘贴"hhbl"文件夹，将文件夹名称重命名为"hhgs"，并修改网页文件的名称为"hhjj.html"和"qywh.html"。

2. 美化"帮助中心"网页

下面对"帮助中心"网页进行美化，为其添加图像、音乐和视频插件，让网页内容更丰富，更具有视觉冲击力，参考效果如图9-4所示，要求如下。

（1）打开"bzzx"网页（素材\第9章\实验一\bzzx.html），将插入点定位到右侧第一个DIV标签中，插入"bz_02"图像（素材\第9章\实验一\images\bz_02.png）。

（2）在"属性"面板的"宽"和"高"文本框中分别输入100和40，单击右侧的"确定"按钮。

微课：美化"帮助中心"网页具体操作

（3）继续插入"bz_05"图像（素材\第9章\实验一\images\bz_05.png），并裁剪其大小，调整亮度和对比度。

（4）将插入点定位到网页下方的单元格中，打开"插入鼠标经过图像"对话框，设置鼠标经过图像。

（5）将插入点定位到名称为"banner"的DIV标签中，选择"插入"/"媒体"/"FlashSWF"命令，打开"选择SWF"对话框，选择"lb.swf"动画文件，单击"确定"按钮。

（6）选择"插入"/"媒体"/"HTML5 Audio"命令，插入"bj.mp3"文件（素材\第9章\实验一\images\bj.mp3），完成后保存网页，按"F12"键预览网页（效果\第9章\实验一\bzzx.html）。

图9-4 "帮助中心"网页参考效果

实验二　网页表格与表单的制作

（一）实验学时

2学时。

（二）实验目的

◇ 掌握使用表格制作网页的方法。
◇ 掌握使用表单制作网页的方法。

（三）相关知识

1. 有关表格和单元格的基本操作

（1）选择整个表格。在Dreamweaver中选择表格的方法有多种，用户可选择任意一种方法进行操作，如使用鼠标右键快捷菜单、使用按钮、直接选择、使用菜单命令、在状态栏中选择等。

（2）选择行和列。将鼠标指针移到所需行或列的左侧或上方，当指针变为箭头形状且该行或该列的边框线变为红色时单击鼠标即可选择该行。

（3）选择单元格。同选择表格一样，选择单元格主要涉及选择单个单元格、选择多个连续单元格和选择多个不连续单元格几种情况。

（4）添加行或列。要进行单行或单列的添加，有使用菜单命令、使用鼠标右键快捷菜单、使用对话框3种方法。

（5）删除行或列。在表格中不能删除单独的单元格，但可以删除整行或整列单元格。删除表格中行或列的方法主要有使用菜单命令、使用鼠标右键快捷菜单、使用快捷键3种。

2. 认识表单

（1）表单形式。在各种类型的网站中，都会有不同的表单。经常出现表单的网站主要有注册网页、登录网页、留言板及电子邮件网页。

（2）表单的组成要素。在网页中，组成表单样式的各个元素称为域。在Dreamweaver CC的"插入"面板的"表单"分类列表中可以看到表单中的所有元素。

（3）HTML中的表单。在HTML中，表单是使用<form></form>标签表示的，并且表单中的各种元素都必须存在于该标签之间。

（四）实验实施

1. 制作"上新活动"网页

表格是网页中用于显示数据和布局的重要元素，用户可以通过表格的创建和嵌套等操作来确定网页的框架和制作思路。本例要制作珠宝网站的"上新活动"网页，具体操作如下。

微课：制作"上新活动"网页的具体操作

（1）打开"index"网页（素材\第9章\实验二\index.html），将插入点定位到"tp1" DIV标签中，然后选择"插入"/"表格"命令，打开"表格"对话框。在其中设置表格格式为6行3列，表格宽度为954px，单击"确定"按钮，即可在插入点处添加一个表格。

（2）选择第1行的单元格，在"属性"面板中单击"合并单元格"按钮，合并单元格；然后选择第4行的单元格，再单击"合并单元格"按钮合并单元格。

（3）选择第1行的单元格，在"属性"面板的"高"文本框中输入"227"。

（4）选择第2行第1列的单元格，在"属性"面板单击"拆分单元格"按钮，在打开的"拆分单元格"对话框中单击选中"行"单选钮，在"行数"数值框中输入"2"，单击"确定"按钮。

（5）选择拆分后的第1个单元格，在"属性"面板的"高"文本框中输入"190"；然后选择第2个单元格，在"属性"面板的"高"文本框中输入"58"。

（6）使用相同的方法继续拆分第2行的其他单元格及第3行、第5行和第6行的单元格，并设置单元格的大小。选择第4行的单元格，设置单元格的高为"525"。

（7）将插入点定位到第1行的单元格中，在"插入"面板的"常规"栏中单击"图像"按钮，在打开的对话框中选择"ss_03"图像（素材\第9章\实验二\images\ss_03.png），单击"确定"按钮，该图像即可插入到表格中。

（8）将插入点定位到第2行的第1个单元格中，然后插入"ss_05.png"图像（素材\第9章\实验二\images\ss_05.png），在"属性"面板的"水平"下拉列表中选择"居中对齐"选项。

（9）将插入点定位到需要输入文本的单元格中，在其中输入相关文本，然后在"属性"面板中单击"CSS"按钮，在"字体"下拉列表框中选择"思源黑体"选项，在"大小"下拉列表中选择"18"选项，在"水平"下拉列表中选择"居中对齐"选项。

（10）使用相同的方法为其他表格添加相应的图像和文本，并设置相应的文本样式，完成文本设置后，按"Ctrl+S"组合键保存网页，然后按"F12"键预览，参考效果如图9-5所示（效果\第9章\实验二\index.html）。

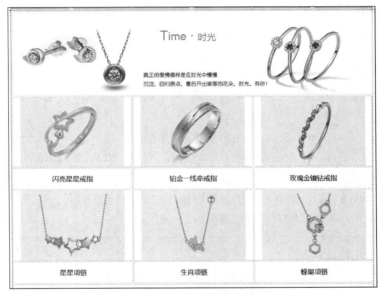

图9-5 "上新活动"网页参考效果

2. 制作"植物网登录"网页

为了更好地和用户进行沟通，加强对用户的管理，网站设计者通常会设置用户登录页面，用于收集用户信息。下面通过表单制作"植物网登录"网页，具体操作如下。

微课：制作"植物网登录"网页的具体操作

（1）启动Dreamweaver CC，打开"hhzwdl"网页（素材\第9章\实验二\hhzwdl.html），将插入点定位到网页中间名为"middle"的DIV标签中。选择"插入"/"表单"/"表单"命令，此时插入点处将显示边框为红色虚线的表单区域。

（2）在"选择器"中选择"middle"选项，在"属性"列表框中设置文本样式为思源黑体、16px、居中对齐，行高为50px。

（3）在"选择器"中选择"form1"选项，在"属性"列表框中设置"margin-top"为"60px"。

（4）将插入点定位到表单区域，在"插入"面板中选择"表单"选项；然后在列表框中选择"文本"选项，此时将在表单中添加一个"文本"表单元素；最后在"选择器"中新建一个

"#textfield"选择器，并设置宽、高分别为"218px"和"40px"，背景图片为"hhzwdl_03"（素材\第9章\实验二\images\hhzwdl_03.png）。

（5）在设计界面中删除文本内容，然后选择"文本"表单元素，在"属性"面板中单击选中"Auto Focus"和"Required"复选框。

（6）按"Enter"键换行，在"插入"面板的"表单"选项中选择"密码"选项，在表单中创建一个密码元素，在选择器中新建一个"#password"CSS样式，设置宽、高分别为"218px"和"40px"，背景图片为"hhzwdl_06"（素材\第9章\实验二\images\hhzwdl_06.png）。

（7）在"设计"界面中选择"密码"表单元素的文本内容部分，并将其删除。

（8）按"Enter"键换行，在"插入"面板的"表单"选项中选择"图像按钮"选项，打开"选择图像源文件"对话框，在其中选择"hhzwdl_08"图像（素材\第9章\实验二\images\hhzwdl_08.png）。

（9）单击"确定"按钮，返回设计界面即可看到添加的图像按钮，按"Enter"键换行，在"插入"面板中选择"复选框"选项，然后将添加的"复选框"表单元素的文本内容修改为"记住密码"。

（10）按7次"Ctrl+Shift+Space"组合键输入7个空格，然后输入"忘记密码？"文本，在"属性"面板中的"链接"下拉列表中输入"#"；再按7次"Ctrl+Shift+Space"组合键，使用相同的方法插入一个图像按钮。

（11）按"Ctrl+S"组合键保存网页，然后按"F12"键预览效果，完成登录页面的制作，参考效果如图9-6所示（效果\第9章\实验二\hhzwdl.html）。

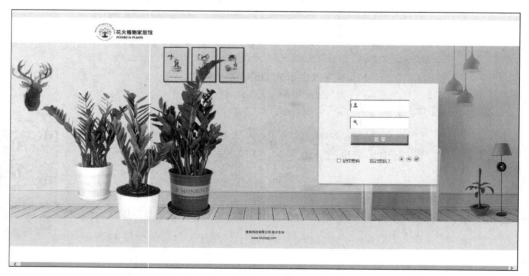

图9-6 "植物网登录"网页参考效果

（五）实验练习

1. 制作"用户注册"网页

下面使用表单功能制作"用户注册"网页，让用户通过该页面注册成为网站会员，并实现网页交互功能，参考效果如图9-7所示，要求如下。

（1）打开"gsw_zc"网页文件（素材\第9章\实验二\gsw_zc.html），在其中创建一个表单。

（2）向其中添加相关的表单元素，并设置其参数。

（3）保存网页并预览效果（效果\第9章\实验二\gsw_zc.html）。

图9-7 "用户注册"网页参考效果

2. 制作"热卖推荐"网页

利用素材文件（素材\第9章\实验二\images）制作"热卖推荐"网页，参考效果如图9-8所示（效果\第9章\实验二\tuijian.html），要求如下。

（1）新建网页，创建需要的表格。

（2）在创建的表格中嵌套表格，调整表格结构，并设置相关属性。

图9-8 "热卖推荐"网页参考效果

实验三 网页DIV+CSS布局设计

（一）实验学时

1学时。

（二）实验目的

◇ 掌握CSS的使用方法。

◇ 掌握DIV+CSS的网页布局方法。

（三）相关知识

1. 认识 CSS

CSS是Cascading Style Sheets（层叠样式表）的缩写，它是一种用来表现HTML和XML等文件样式的计算机语言。CSS是标准的布局语言，用于为HTML文档定义布局，如控制元素的尺寸、颜色、排版等，解决了内容与表现分离的问题。

（1）CSS的特点。如果在网页中手动设置每个页面的文本格式，操作会变得十分麻烦，并且还会增加网页中的重复代码，不利于网页的修改和管理，也不利于加快网页的读取速度。使用CSS可以避免这些问题。CSS具有以下特点：源代码更容易管理、能提高读取网页的速度、将样式分类使用、能共享样式设定、能进行冲突处理。

（2）基本语法规则。在每条CSS样式中，都包含选择器（选择符）和声明两部分规则。选择器就是用于选择文档中应用样式的元素，而声明则是属性及属性值的组合。每个样式表都是由一系列的规则组成的，但并不是每条样式规则都出现在样式表中。

（3）CSS样式表的类型。CSS样式表位于网页文档的<head></head>标签之间，其作用范围由class或其他符合CSS规范的文本设置。CSS样式表包含类、ID、标签和复合内容4种类型。

（4）创建样式表。在Dreamweaver CC中，将CSS样式按照使用方法进行分类，可以分为内部样式和外部样式。如果是将CSS样式创建到网页内部，可以选择创建内部样式，但创建的内部样式只能应用到一个网页文档中；如果想在其他网页文档中应用，则可创建外部样式。

2. 认识 DIV

DIV（Divsion）区块，也可以称为容器，在Dreamweaver中使用DIV与其他HTML标签的方法一样。在布局设计中，DIV承载的是结构，采用CSS可以有效地对页面中的布局、文字等进行精确控制。DIV+CSS完美实现了结构和表现的结合，对于传统的表格布局是一个很大的冲击。

（1）DIV+CSS布局模式。DIV+CSS布局模式是根据CSS规则中涉及的边界（margin）、边框（border）、填充（padding）、内容（content）建立的一种网页布局方法。

（2）插入DIV元素。在Dreamweaver CC中插入DIV元素的方法相当简单，定位插入点后，选择"插入"/"Div"命令或"插入"/"结构"/"Div"命令，打开"插入Div"对话框，设置Class和ID名称等，单击"确定"按钮即可。

（四）实验实施

1. 制作"style.css"样式表

网页设计中一些比较规则或元素较为统一的页面，可使用CSS样式来控制页面风格，减少重复工作量。下面制作一个名为"style.css"的样式表文件，以便于网站中的其他文件调用。

（1）新建一个HTML空白网页，选择"窗口"/"CSS设计器"命令，打开"CSS设计器"面板。在"源"列表框右侧单击"添加CSS源"按钮，在打开的下拉列表中选择"创建新的CSS文件"选项，打开"创建新的CSS文件"对话框。在"文件/URL"文本框后单击"浏览"按钮。

（2）打开"将样式表文件另存为"对话框，在"保存在"下拉列表框中选择保存路径，在"文件名"文本框中输入CSS文件的名称，这里输入"style.css"，单击"保存"按钮。

（3）返回"创建新的CSS文件"对话框，可在"文件/URL"文本框中查看创建的CSS文件，其他保持默认设置。单击"确定"按钮，在"源"列表框中可看到创建的CSS文件。

（4）切换到代码视图，可在<head></head>标签中自动生成链接新建的CSS样式文件的代码。在"源"列表框中选择添加的源，在"选择器"列表框的右侧单击"添加选择器"按钮，可在"选择器"列表框中添加空白文本框，此时只需在该空白文本框中输入选择器名称，这里输入并选择"#all"，即可在"属性"列表框中显示关于设置all的所有属性。

（5）在"属性"列表框的按钮栏中单击"布局"按钮，会在下方的列表框中显示关于设置布局的属性，然后分别设置宽（width）属性为"931px"，高（height）属性为"800px"，最小高度（min-height）属性为"0px"，边框（margin）属性为"0auto"。

（6）继续在"选择器"列表框的右侧单击"添加选择器"按钮，在其中添加一个选择器"#top"，然后使用相同的方法设置CSS属性，如图9-9所示。

（7）使用相同的方法创建"top X"选择器，并设置CSS属性，如图9-10所示。

（8）继续使用相同的方法创建其他选择器，并设置CSS属性，如图9-11所示。

图9-9　创建并设置 #top
选择器属性

图9-10　创建并设置
"top X"选择器属性

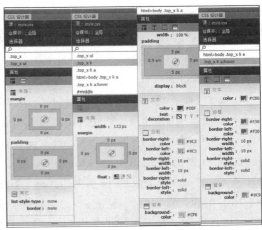

图9-11　创建并设置其他选择器属性

（9）设置各属性后，会在代码文档中自动生成相应的属性代码，完成后按"Ctrl+S"组合键以"index"为名进行保存（效果\第9章\实验三\style.css）。

2. 制作"花火植物家居馆"首页

使用DIV+CSS可以精确地对网页进行布局设计。本例采用DIV+CSS来设计"花火植物家居馆"首页网页，设计时先创建DIV，然后在其中进行布局设计，最后通过CSS样式进行美化设计，具体操作如下。

微课：制作"花火植物家居馆"首页的具体操作

（1）在Dreamweaver CC中新建"index"网页文档，然后将插入点定位到网页文档的空白区域中，按"Shift+F11"组合键，打开"CSS设计器"面板，在"源"面板中单击"添加CSS源"按钮，在打开的下拉列表中选择"创建新的CSS文件"选项。

（2）打开"创建新的CSS文件"对话框，在"文件/URL"文本框后单击"浏览"按钮，打开"将样式表文件另存为"对话框。在"保存在"下拉列表框中选择保存位置，然后在"文件名"文本框中输入CSS文件的名称"hhzwjjgsy"，最后单击"保存"按钮。

（3）返回到"创建新的CSS文件"对话框中，可在"文件/URL"文本框中查看到创建的CSS文件，然后单击"确定"按钮。返回到网页文档中，在"源"列表框中可看到创建的CSS文件，然后选择"插入"/"结构"/"Div"命令，打开"插入Div"对话框。在"ID"下拉列表框中输入"all"，单击"确定"按钮，即可在网页文档中插入ID属性为"all"的DIV元素。

（4）删除插入的DIV元素中的文本内容，在"插入"面板中选择"结构"选项，切换到结构分类列表中；然后单击"页眉"按钮，打开"插入Header"对话框，在"Class"下拉列表框中输入"header"，最后直接单击"确定"按钮，插入Header元素。

（5）使用插入DIV元素和Header元素的方法，在Header元素下方插入一个名为"container"的DIV元素和Footer元素。切换到"代码"视图中，可查看Dreamweaver CC中自动生成的标签代码。将各标签代码中的文本内容删除。

（6）在"CSS设计器"面板中的"源"面板中选择"hhzwjjgsy.css"选项，然后在"选择器"面板右侧单击"添加选择器"按钮，并在添加的文本框中输入"#all"，最后使用相同的方法添加其他几个选择器，分别为".header"、".container"和".footer"。

（7）在"选择器"面板下方选择"#all"选择器，然后在"属性"面板下方单击"布局"按钮，最后设置宽度（width）、高度（height）、边距（margin）和浮动（float）分别为1920px、2000px、0px和Left。

（8）继续在"选择器"面板中选择".header"选择器，然后在"属性"面板中设置宽度（width）、高度（height）、边距（margin）和浮动（float）分别为1920px、630px、0px和Left。

（9）使用相同的方法为".container"设置宽度（width）、高度（height）和浮动（float）分别为1920px、1270px和Left；为".footer"设置宽度（width）、高度（height）、浮动（float）和背景颜色（background-color）分别为1920px、100px、Left和#b4b4b4。

（10）将插入点定位到<header></header>元素之间，在其中插入一个DIV，将其名称更改为"dl"。选择"插入"/"结构"/"项目列表"命令，插入ul元素，再执行3次选择"插入"/"结构"/"列表项"命令操作，在其中输入相关文本。使用相同的方法添加一个名为"bz"的DIV，在其中插入相关的图像。

（11）将插入点定位到"bz"DIV标签后，插入NAV标签，并将插入点定位到<nav></nav>标签之间；然后插入列表元素并添加内容，添加的所有元素及内容都会在"代码"视图中生成相应的代码；最后再添加一个名为"banner"的DIV，并在其中添加相关的内容。

（12）在"CSS设计器"面板的"选择器"面板下添加".dl"和".dl ul li"选择器，并分别为其设置属性，如图9-12所示。

（13）继续使用相同的方法分别为".bz"、".dh"、".dh ul li"和".banner"选择器设置相关的属性，如图9-13所示。

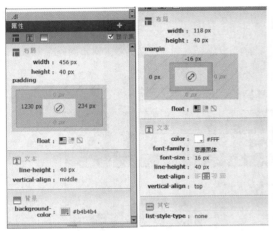

图9-12　设置相关的属性1

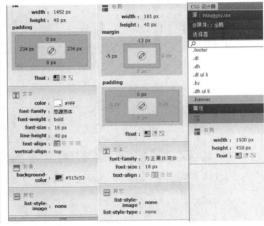

图9-13　设置相关的属性2

（14）将插入点分别定位到"container"和"footer"DIV中，然后在其中添加相关的标签代码和内容，如图9-14所示。

（15）使用前面介绍的方法在"CSS"设计器中添加相关的选择器，然后在"属性"面板中设置相关的属性，如图9-15所示（效果\第9章\实验三\index.html）。

图9-14　插入相关代码标签

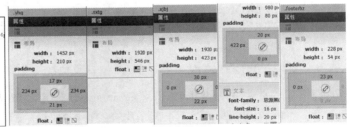

图9-15　设置相关的属性

（五）实验练习

1. 制作"产品展示"网页

利用素材文件（素材\第9章\实验三\image）为某网站制作"产品展示"网页，该页面主要用于展示网站的产品，并对产品进行分类，便于浏览者浏览，

微课：制作"产品展示"网页的具体操作

参考效果如图9-16所示（效果\第9章\实验三\cpzs.html），要求如下。

（1）新建一个空白文档，然后将其以"cpzs.html"为名进行保存，选择"插入"/"Div"命令。

（2）打开"插入Div"对话框，在其中的"ID"下拉列表中输入"all"文本，单击"新建CSS规则"按钮。

（3）打开"新建CSS规则"对话框，直接单击"确定"按钮，打开"#all的CSS规则定义"对话框，在其中进行相应的设置。

（4）单击"确定"按钮返回"插入Div"对话框，单击"确定"按钮，即可在网页中插入一个1920px×5230px的DIV标签。

（5）使用相同的方法在DIV标签中继续插入其他的DIV标签，并设置相应的属性。

（6）将插入点定位到相应的DIV标签中，在其中插入需要的图片素材和文字素材。

（7）通过"CSS设计器"面板设置相关的DIV标签中内容的CSS属性。

（8）完成后按"Ctrl+S"组合键保存文档，然后按"F12"键预览网页效果。

图9-16 "产品展示"网页参考效果

2. 制作"花店"网页

利用素材文件（素材\第9章\实验三\images）制作"flowes.html"网页。该网页是一个鲜花网页，主要用于展示店铺的鲜花产品，采用DIV+CSS来完成布局，参考效果如图9-17所示（效果\第9章\实验三\flowes.html），要求如下。

微课：制作"花店"网页的具体操作

（1）新建名为"flowers.html"的网页文档。

（2）新建一个类名称为"main"的CSS规则，然后删除DIV标签中的内容，再在其中依次插入4个DIV标签，并分别命名为"main_head""main_banner""main_center""main_bottom"。

（3）打开"CSS样式"面板，分别将"width"和"margin"的属性设置为"887px"和"auto"。

（4）使用相同的方法对其他CSS样式进行编辑，在"代码"视图中将插入点定位到
<Div class="main_head"></Div>标签之间，插入3个DIV标签，分别命名为"main_head_
logo""main_head_menu""cleaner"，在不同的DIV标签中嵌套其他标签并输入内容。

（5）分别在对应的标签中设置相关的CSS样式，并添加图片。

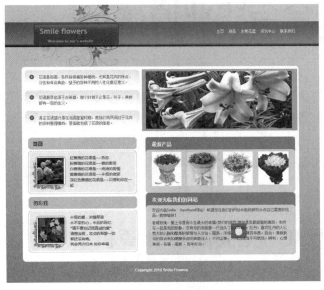

图9-17 "花店"网页参考效果

第 10 章
信息安全与职业道德

配套教材的第10章主要讲解了计算机的信息安全与职业道德的相关知识。为了让学生充分了解计算机中信息安全方面的知识，本章将以360杀毒软件为例，详细介绍防护计算机和查杀病毒的操作。通过对本章实验的练习，学生可以更好地保障计算机的信息安全。

实验 使用360全面防护计算机

（一）实验学时

1学时。

（二）实验目的

◇ 掌握使用360安全卫士防护计算机的方法。
◇ 掌握使用360杀毒软件查杀病毒的方法。

（三）相关知识

计算机病毒"发作"时，常见的表现形式有以下几种。
（1）可用磁盘空间迅速变小，计算机突然死机或重启。
（2）计算机发出一段音乐或产生怪异的图像。
（3）计算机经常显示一个对话框，提示CPU占用率达100%。
（4）桌面图标发生变化或鼠标自己随意乱动，不受控制。
（5）数据或程序丢失，原来正常的文件内容发生变化或变成乱码。
（6）出现怪异的文件名称，且文件的内容和长度发生变化。

（四）实验实施

1. 使用 360 安全卫士全面防护计算机

360安全卫士是一款功能全面的安全防护软件，可以进行计算机体检、计算机清理、系统漏洞修复和插件清理等操作，保证计算机日常运行环境的稳定。

（1）对计算机进行体检。单击桌面上的"360安全卫士"图标，启动360安全卫士并默认打开"电脑体检"选项卡。单击"立即体验"按钮，系统开始自动进行检测，完成后单击"一键修复"按钮即可进行修复，如图10-1所示。

图10-1　对计算机进行体检

（2）清理计算机。单击360安全卫士主界面中的"电脑清理"标签，单击"全面清理"按钮，程序开始扫描并显示扫描进度，扫描完成后将显示各项需要清理的内容。单击选中需要清理的选项对应的复选框，然后单击"一键清理"按钮，打开"风险提示"对话框，提示具有风险的清理项，若确认全部清理，可单击"清理所有"按钮进行清理；若不清理风险项，可单击"不清理"或"仅清理无风险项"按钮。这里单击"仅清理无风险项"按钮。360安全卫士自动开始清理选择的内容，稍后将提示清理完成的消息，单击"完成"按钮完成清理。

（3）修复系统漏洞。在360安全卫士的主界面中单击"系统修复"标签，单击"全面修复"按钮可对计算机进行常规修复、漏洞修复、软件修复、驱动修复和系统升级等多项修复；单击"单项修复"按钮，在打开的列表中可选择某一项进行修复，这里选择"漏洞修复"选项，系统自动开始进行扫描。扫描完成后单击"一键修复"按钮即可进行修复。

（4）清理插件。在"电脑清理"选项卡中单击"单项清理"按钮，在打开的列表中选择"清理插件"选项，360安全卫士将自动扫描计算机中无用或存在威胁的插件。扫描完成后单击选中需要清理的插件前的复选框，单击"一键清理"按钮进行清理，如图10-2所示。

图10-2　清理插件

2. 360 杀毒软件的使用

若发现计算机感染病毒，应及时使用专门的杀毒软件进行杀毒。目前，较为常用的杀毒软件有瑞星杀毒、金山毒霸、卡巴斯基和360杀毒软件等。

（1）设置杀毒方式和位置。双击桌面上的"360杀毒"图标启动360杀毒软件，打开其操作界面，单击右下角的"自定义扫描"按钮，打开"选择扫描目录"对话框。在"请勾选上您要扫描的目录或文件"列表框中单击选中需要扫描的位置前的复选框，这里单击选中"新加卷（E:）"复选框；单击"扫描"按钮进行扫描。

（2）查杀病毒。360杀毒软件开始扫描E盘，并将扫描到的结果显示在界面下方。扫描完成后单击"立即处理"按钮，360杀毒软件将自动处理扫描到的病毒和存在威胁的文件，完成后单击"确认"按钮即可。

（3）开启360安全防护。单击360安全卫士首页左下角的"防护中心"按钮，启动360安全防护中心。单击防护内容下方的"查看"按钮，展开具体的防护内容：若防护内容前显示绿色的圆点，表示已开启防护；若显示为橙色的圆点，则表示未开启防护。单击未开启防护后的"开启"按钮即可开启防护，如图10-3所示。

图10-3　开启360安全防护

（五）实验练习

下面在360安全卫士中执行一系列操作，确保计算机处于安全的操作环境，要求如下。

（1）对计算机进行体检，根据体检结果进行优化，然后清理计算机中的垃圾文件，释放磁盘空间。

（2）修复系统漏洞并进行木马查杀。

微课：360安全
卫士的具体操作

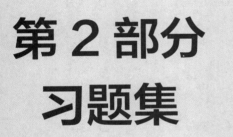

第 2 部分
习题集

习题一

计算机与信息技术基础

一、单选题

1. （　　）被誉为"现代电子计算机之父"。
   A. 查尔斯·巴贝 　　　　B. 阿塔诺索夫 　　　　C. 图灵 　　　　D. 冯·诺依曼
2. 世界上第一台电子数字计算机ENIAC诞生于（　　）年。
   A. 1943 　　　　B. 1946 　　　　C. 1949 　　　　D. 1950
3. 计算机存储和处理数据的基本单位是（　　）。
   A. Bit 　　　　B. Byte 　　　　C. B 　　　　D. KB
4. 1字节表示（　　）位二进制数。
   A. 2 　　　　B. 4 　　　　C. 8 　　　　D. 18
5. 计算机的字长通常不可能为（　　）位。
   A. 8 　　　　B. 12 　　　　C. 64 　　　　D. 128
6. 将二进制整数111110转换成十进制数是（　　）。
   A. 62 　　　　B. 60 　　　　C. 58 　　　　D. 56
7. 将十进制数121转换成二进制整数是（　　）。
   A. 1111001 　　　　B. 1110010 　　　　C. 1001111 　　　　D. 1001110
8. 下列各进制的整数中，值最大的是（　　）。
   A. 十六进制数34 　　　　B. 十进制数55
   C. 八进制数63 　　　　D. 二进制数110010
9. 用8位二进制数能表示的最大的无符号整数等于十进制整数（　　）。
   A. 255 　　　　B. 256 　　　　C. 128 　　　　D. 127
10. 将八进制数16转换为二进制整数是（　　）。
    A. 111101 　　　　B. 111010 　　　　C. 001111 　　　　D. 001110

二、多选题

1. 计算机的发展趋势主要包括（　　）等方面。
   A. 巨型化 　　　　B. 微型化 　　　　C. 网络化 　　　　D. 智能化
2. 计算机的结构经历了（　　）3个发展阶段。
   A. 以运算器为核心的结构 　　　　B. 以总线为核心的结构
   C. 以存储器为核心的结构 　　　　D. 以内存为核心的结构
3. 下列属于多媒体技术应用领域的有（　　）。
   A. 教育 　　　　B. 广告宣传 　　　　C. 信息监测 　　　　D. 视频会议

4. 计算机在现代教育中的主要应用有计算机辅助教学、计算机模拟、多媒体教室和（ 　　 ）。

    A. 网上教学　　　　　　　B. 家庭娱乐　　　　　　C. 电子试卷　　　　D. 电子大学

5. 在微机中，运算器的主要功能是进行（ 　　 ）。

    A. 逻辑运算　　　　　　　B. 算术运算　　　　　　C. 代数运算　　　　D. 函数运算

6. 以下属于第四代计算机主要特点的有（ 　　 ）。

    A. 计算机走向微型化，性能大幅度提高

    B. 主要用于军事和国防领域

    C. 软件越来越丰富，为网络化创造了条件

    D. 计算机逐渐走向人工智能化，并采用了多媒体技术

7. 下列属于汉字编码方式的有（ 　　 ）。

    A. 输入码　　　　　　　　B. 识别码　　　　　　C. 国标码　　　　D. 机内码

8. 可以作为计算机数据单位的有（ 　　 ）。

    A. 字母　　　　　　　　　B. 字节　　　　　　　C. 位　　　　　　D. 兆

9. 下列与计算机思维的发展有关的人物包括（ 　　 ）。

    A. 笛卡儿　　　　　　　　B. 莱布尼茨　　　　　C. 戴克斯特拉　　　D. 周以真

三、判断题

1. 人们常说的计算机一般指通用计算机。（ 　　 ）

2. 微机最早出现在第三代计算机中。（ 　　 ）

3. 冯·诺依曼原理是计算机的唯一工作原理。（ 　　 ）

4. 第四代电子计算机主要采用中、小规模集成电路的元器件。（ 　　 ）

5. 冯·诺依曼提出的计算机体系结构的设计理论是采用二进制和存储程序方式。（ 　　 ）

6. 第三代计算机的逻辑部件采用的是小规模集成电路。（ 　　 ）

7. 计算机应用包括科学计算、信息处理和自动控制等。（ 　　 ）

8. 在计算机内部，一切信息的存储、处理与传送都采用二进制来表示。（ 　　 ）

9. 一个字符的标准ASCII占一个字节的存储量，其最高位的二进制值为0。（ 　　 ）

10. 大写英文字母的ASCII值大于小写英文字母的ASCII值。（ 　　 ）

11. 同一个英文字母的ASCII和它在汉字系统下的全角内码是相同的。（ 　　 ）

12. 一个字符的ASCII与它的内码是不同的。（ 　　 ）

13. 标准ASCII表的每一个ASCII都能在屏幕上显示成一个相应的字符。（ 　　 ）

14. 国际通用的ASCII由大写字母、小写字母和数字组成。（ 　　 ）

15. 国际通用的ASCII是7位码。（ 　　 ）

习题二
计算机系统的构成

一、单选题

1. 计算机的硬件主要包括中央处理器（CPU）、存储器、输出设备和（　　）。
   A. 输入设备　　　　　B. 鼠标　　　　　　C. 光盘　　　　　　D. 键盘

2. 计算机系统指（　　）。
   A. 硬件系统和软件系统　　　　　　　B. 运控器、存储器、外部设备
   C. 主机、显示器、键盘、鼠标　　　　D. 主机和外部设备

3. 计算机中的存储器包括（　　）和外存储器。
   A. 光盘　　　　　　B. 硬盘　　　　　　C. 内存储器　　　　D. 半导体存储单元

4. 计算机软件分为系统软件和（　　）。
   A. 非系统软件　　　B. 重要软件　　　　C. 应用软件　　　　D. 工具软件

5. 计算机系统中，（　　）指运行的程序、数据及相应的文档的集合。
   A. 主机　　　　　　B. 系统软件　　　　C. 软件系统　　　　D. 应用软件

6. Office 2010属于（　　）。
   A. 系统软件　　　　B. 应用软件　　　　C. 辅助设计软件　　D. 商业管理软件

7. 在Windows中，连续两次快速按下鼠标左键的操作是（　　）。
   A. 单击　　　　　　B. 双击　　　　　　C. 拖动　　　　　　D. 启动

8. 计算机键盘上的"Shift"键称为（　　）。
   A. 控制键　　　　　B. 上档键　　　　　C. 退格键　　　　　D. 换行键

9. 计算机键盘上的"Esc"键的功能一般是（　　）。
   A. 确认　　　　　　B. 取消　　　　　　C. 控制　　　　　　D. 删除

10. 键盘上的（　　）键是控制键盘输入大小写切换的。
    A. Shift　　　　　B. Ctrl　　　　　　C. NumLock　　　　D. CapsLock

二、多选题

1. 微机中的总线通常包括（　　）。
   A. 数据总线　　　　B. 信息总线　　　　C. 地址总线　　　　D. 控制线

2. 下列属于计算机组成部分的有（　　）。
   A. 运算器　　　　　　　　　　　　　B. 控制器
   C. 总线　　　　　　　　　　　　　　D. 输入设备和输出设备

3. 常用的输出设备有（　　）。
   A. 显示器　　　　　B. 扫描仪　　　　　C. 打印机　　　　　D. 键盘和鼠标

4. 输入设备是微机中必不可少的组成部分，下列属于常见的输入设备的有（　　　）。

    A. 鼠标　　　　　　　　B. 扫描仪　　　　　　C. 打印机　　　　　　D. 键盘

5. 个人计算机（PC）必备的外部设备有（　　　）。

    A. 储存器　　　　　　　B. 鼠标　　　　　　　C. 键盘　　　　　　　D. 显示器

6. 在计算机中，运算器可以完成（　　　）。

    A. 算术运算　　　　　　B. 代数运算　　　　　C. 逻辑运算　　　　　D. 四则运算

7. 计算机内存由（　　）构成。

    A. 随机存储器　　　　　B. 主存储器　　　　　C. 附加存储器　　　　D. 只读存储器

8. 下列选项中，属于计算机外部设备的有（　　　）。

    A. 输入设备　　　　　　　　　　　　　　B. 输出设备

    C. 中央处理器和主存储器　　　　　　　　D. 外存储器

9. 根据计算机软件的用途和实现的功能分类，可将计算机软件分为（　　　）。

    A. 程序和数据　　　　　B. 应用软件　　　　　C. 操作系统　　　　　D. 系统软件

10. 目前广泛使用的操作系统种类很多，主要包括（　　　）。

    A. DOS　　　　　　　　B. UNIX　　　　　　C. Windows　　　　　D. Basic

三、判断题

1. 计算机软件按其用途和实现的功能可分为系统软件和应用软件两大类。（　　　）

2. 计算机系统包括硬件系统和软件系统。（　　　）

3. 主机包括CPU和显示器。（　　　）

4. CPU的主频越高，运算速度越慢。（　　　）

5. CPU的主要任务是取出指令、解释指令和执行指令。（　　　）

6. CPU主要由控制器、运算器和存储器组成。（　　　）

7. 中央处理器和主存储器构成计算机的主体，称为主机。（　　　）

8. 主机以外的大部分硬件设备称为外围设备或外部设备，简称外设。（　　　）

9. 运算器是进行算术和逻辑运算的部件，通常被称为CPU。（　　　）

10. 输入和输出设备是用来存储程序及数据的装置。（　　　）

11. 键盘和显示器都是计算机的I/O设备，键盘是输入设备，显示器是输出设备。（　　　）

12. 通常说的内存指RAM。（　　　）

13. 显示器属于输入设备。（　　　）

14. 光盘属于外存储设备。（　　　）

15. 扫描仪属于输出设备。（　　　）

习题三
操作系统基础

一、单选题

1. Windows是一种（　　）。
   A. 操作系统　　　　B. 文字处理系统　　　C. 电子应用系统　　　D. 应用软件
2. 在打开的窗口之间进行切换的快捷键为（　　）。
   A. "Ctrl+Tab" 组合键　　　　　　　　B. "Alt+Tab" 组合键
   C. "Alt+Esc" 组合键　　　　　　　　D. "Ctrl+Esc" 组合键
3. 在Windows中，可以按（　　）打开"开始"菜单。
   A. "Ctrl+Tab" 组合键　　　　　　　　B. "Alt+Tab" 组合键
   C. "Alt+Esc" 组合键　　　　　　　　D. "Ctrl+Esc" 组合键
4. 在Windows中，按住鼠标左键拖动（　　），可缩放窗口大小。
   A. 标题栏　　　　B. 对话框　　　　C. 滚动框　　　　D. 边框
5. 应用程序窗口被最小化后，要重新运行该应用程序可以（　　）。
   A. 单击应用程序图标　　　　　　　　B. 双击应用程序图标
   C. 拖动应用程序图标　　　　　　　　D. 指向应用程序图标
6. 复选框指在所列的选项中（　　）。
   A. 只能选一项　　　B. 可以选多项　　　C. 必须选多项　　　D. 必须选全部项
7. 打开快捷菜单的操作为（　　）。
   A. 单击　　　　B. 右击　　　　C. 双击　　　　D. 三击
8. 不可能显示在任务栏上的内容为（　　）。
   A. 对话框窗口的图标　　　　　　　　B. 正在执行的应用程序窗口图标
   C. 已打开文档窗口的图标　　　　　　D. 语言栏对应图标
9. 多用户使用一台计算机的情况经常出现，这时可设置（　　）。
   A. 共享用户　　　B. 多个用户账户　　　C. 局域网　　　D. 使用时段
10. 在Windows 7中，显示桌面的快捷键为（　　）。
   A. "Win+D" 组合键　　　　　　　　B. "Win+P" 组合键
   C. "Win+Tab" 组合键　　　　　　　D. "Alt+Tab" 组合键

二、多选题

1. 窗口的组成元素包括（　　）等。
   A. 标题栏　　　　B. 滚动条　　　　C. 菜单栏　　　　D. 窗口工作区
2. 在Windows 7中，对话框中不包含的元素有（　　）。

A. 菜单栏　　　　　B. 复选框　　　　　C. 选项卡　　　　　D. 工具栏

3. 在Windows 7中的个性化设置包括（　　）。

　　A. 主题　　　　　B. 桌面背景　　　　C. 窗口颜色　　　　D. 声音

4. 桌面上的快捷方式图标可以代表（　　）。

　　A. 应用程序　　　B. 文件夹　　　　　C. 用户文档　　　　D. 打印机

5. 要把C盘中的某个文件夹或文件移动到D盘中，可使用的方法有（　　）。

　　A. 将其从C盘窗口直接拖动到D盘窗口

　　B. 在C盘窗口中选择该文件或文件夹，按"Ctrl+X"组合键剪切，在D盘窗口中按"Ctrl+V"组合键粘贴

　　C. 在C盘窗口按住"Shift"键将其拖动到D盘窗口中

　　D. 在C盘窗口按住"Ctrl"键将其拖动到D盘窗口中

6. 文件夹中可存放（　　）。

　　A. 文件　　　　　B. 程序　　　　　　C. 图片　　　　　　D. 文件夹

7. 在Windows窗口中，通过"查看"菜单可以实现的排序方式有（　　）。

　　A. 按日期显示　　　　　　　　　　　B. 按文件分级显示

　　C. 按文件大小显示　　　　　　　　　D. 按文件名称显示

8. 在Windows中，下列关于打印机的说法错误的有（　　）。

　　A. 每一台安装在系统中的打印机都在Windows的"打印机"文件夹中有一个记录

　　B. 任何一台计算机都只能安装一台打印机

　　C. 一台计算机上可以安装多台打印机

　　D. 每台计算机可以有多个默认打印机

9. 下列选项中，可以隐藏的文件有（　　）。

　　A. 程序文件　　　B. 系统文件　　　　C. 可执行文件　　　D. 图片

三、判断题

1. 最大化后的窗口不能进行窗口的位置移动和大小的调整操作。（　　）

2. 在默认情况下，Windows 10桌面由桌面图标、鼠标指针、任务栏和语言栏4部分组成。（　　）

3. 在Windows 10中，对话框的大小不可改变。（　　）

4. 快捷方式的图标可以更改。（　　）

5. 无法给文件夹创建快捷方式。（　　）

6. 在不同状态下，鼠标指针的表现形式都一样。（　　）

7. 睡眠状态是一种省电状态。（　　）

8. 只有安装了操作系统后计算机才能安装和使用各种应用程序。（　　）

9. 若要单击选中或撤销选中某个复选框，单击该复选框前的方框即可。（　　）

10. 删除"快捷方式"，其所指向的应用程序也会被删除。（　　）

习题四
计算机网络与Internet

一、单选题

1. 根据计算机网络覆盖的地域范围与规模，可以将其分为（　　）。
   A. 局域网、城域网和广域网
   B. 局域网、城域网和互联网
   C. 局域网、区域网和广域网
   D. 以太网、城域网和广域网

2. （　　）协议是Internet最基本的协议。
   A. X.25　　　　　　　B. TCP/IP　　　　　　C. FTP　　　　　　D. UDP

3. Internet与WWW的关系是（　　）。
   A. 均为互联网，只是名称不同
   B. WWW只是在Internet上的一个应用功能
   C. Internet与WWW没有关系
   D. Internet就是WWW

4. 在www.×××.edu.cn这个域名中，子域名edu表示（　　）。
   A. 国家名称　　　B. 政府部门　　　C. 主机名称　　　D. 教育部门

5. 如果电子邮件带有"别针"图标，则表示该邮件（　　）。
   A. 设有优先级　　B. 带有标记　　　C. 带有附件　　　D. 可以转发

6. IE浏览器中的"收藏夹"的主要作用是收藏（　　）。
   A. 图片　　　　　B. 邮件　　　　　C. 网址　　　　　D. 文档

7. 下列属于搜索引擎的有（　　）。
   A. 百度　　　　　B. 爱奇艺　　　　C. 迅雷　　　　　D. 酷狗

8. WWW是一种基于（　　）的、方便用户在Internet上搜索和浏览信息的信息服务系统。
   A. 超文本　　　　B. IP地址　　　　C. 域名　　　　　D. 协议

9. 如果在发送邮件时选择（　　），则抄送的其他收件人不会知道该对象同时也收到了该邮件。
   A. 密件抄送　　　B. 回复　　　　　C. 定时发送　　　D. 添加附件

10. Internet的IP地址中的E类地址，每个字节的数字由（　　）组成。
    A. 0~155　　　　B. 0~255　　　　C. 115~255　　　D. 0~250

二、多选题

1. 一个IP地址由3个字段组成，它们分别是（　　）。
   A. 类别　　　　　B. 网络号　　　　C. 主机号　　　　D. 域名

2. 下列选项中，（　　）是电子邮件地址中必须有的内容。

　　A．用户名　　　　　　　　　　　　B．用户口令

　　C．电子邮箱的主机域名　　　　　　D．ISP的电子邮箱地址

3. 电子邮件与传统的邮件相比，其优点主要包括（　　　　）。

　　A．方便　　　　　　　　　　　　　B．可以包含声音、图像等信息

　　C．价格低　　　　　　　　　　　　D．传输量大

4. 关于域名www.a**.org，说法正确的有（　　　　）。

　　A．使用的是中国非营利组织的服务器　　B．最高层域名是org

　　C．组织机构的缩写是a**　　　　　　D．使用的是美国非营利组织的服务器

5. 计算机网络根据覆盖的地理范围与规模可以分为（　　　）等类型。

　　A．局域网　　　　　　B．城域网　　　　　C．广域网　　　　　D．国际互联网

三、判断题

1. TCP/IP是Internet上使用的协议。（　　　　）

2. WWW是一种基于超文本方式的信息查询工具。（　　　　）

3. IP地址是由一组16位的二进制数组成的。（　　　　）

4. 域名的最高层均代表国家。（　　　　）

5. 电子邮件可以发送除文字之外的图形、声音、表格和传真。（　　　　）

6. 共享式以太网通常有单线形结构和星形结构两种结构。（　　　　）

7. 域名系统由若干子域名构成，子域名之间用小数点的圆点来分隔。（　　　　）

8. 一个完整的域名不超过255个字符，子域级数不予限制。（　　　　）

9. 电子邮件的发送对象只能是不同操作系统下同类型网络结构的用户。（　　　　）

10. 百度、搜狗、谷歌、雅虎、搜狐、爱奇艺、迅雷、360搜索等都是搜索引擎。
　　　（　　　　）

四、操作题

1. 打开"新浪"首页，通过该页面打开"新浪新闻"页面，在其中浏览新闻，并将页面保存到指定的文件夹下。

2. 在百度网页中搜索"流媒体"的相关信息，然后将流媒体的信息复制到记事本中，保存到桌面。

3. 在百度网页中搜索"FlashFXP"的相关信息，然后将该软件下载到计算机的桌面上。

4. 将（yeyuwusheng@163.com）添加到联系人中，然后向该邮箱发送一封邮件，主题为"会议通知"，正文为"请于周三下午14:00准时到会议室参加季度总结会议"。

5. 将当前接收的"会议通知"邮件抄送给yeyuwusheng@163.com。

6. 打开IE浏览器的收藏夹，将"游戏中心"重命名为"消灭星星"，并移动至"娱乐"文件夹。

习题五
文档编辑软件Word 2016

一、单选题

1. 将插入点定位到"风吹草低见牛羊"中的"草"与"低"之间，按"Delete"键，则该句子为（　　　）。

    A. 风吹草见牛羊　　　　　　　　　　　　B. 风吹见牛羊

    C. 整句被删除　　　　　　　　　　　　　D. 风吹低见牛羊

2. 如果要隐藏文档中的标尺，可以通过（　　　）选项卡来实现。

    A. 插入　　　　　B. 编辑　　　　　C. 视图　　　　　D. 开始

3. 选择文本，在"字体"组中单击"字符边框"按钮，可（　　　）。

    A. 为所选文本添加默认边框样式　　　　B. 为当前段落添加默认边框样式

    C. 为所选文本所在的行添加边框样式　　D. 自定义所选文本的边框样式

4. 为文本添加项目符号后，"项目符号库"栏下的"更改列表级别"选项将呈可用状态，此时，（　　　）。

    A. 在其子菜单中可调整当前项目符号的级别

    B. 在其子菜单中可更改当前项目符号的样式

    C. 在其子菜单中可自定义当前项目符号的级别

    D. 在其子菜单中可自定义当前项目符号的样式

5. Word中的格式刷可用于复制文本或段落的格式，若要将选择的文本或段落格式重复应用多次，应（　　　）。

    A. 单击格式刷　　　B. 双击格式刷　　　C. 右击格式刷　　　D. 拖动格式刷

6. 在Word中，输入的文字默认的对齐方式是（　　　）。

    A. 左对齐　　　　　B. 右对齐　　　　　C. 居中对齐　　　　D. 两端对齐

二、多选题

1. 下列操作中，可以打开Word文档的操作有（　　　）。

    A. 双击已有的Word文档　　　　　　　　B. 选择"文件"/"打开"命令

    C. 按"Ctrl+O"组合键　　　　　　　　　D. 选择"文件"/"最近所用的文件"命令

2. 在Word中能关闭文档的操作有（　　　）。

    A. 选择"文件"/"关闭"命令

    B. 单击文档标题栏右侧的按钮

    C. 在标题栏上单击鼠标右键，在弹出的快捷菜单中选择"关闭"命令

    D. 选择"文件"/"保存"命令

3. 在Word中，文档可以保存为（　　　）格式。

   A. 网页　　　　　　　　B. 纯文本　　　　　　　　C. PDF文档　　　　　D. RTF文档

4. 在Word中，"查找与替换"对话框中的查找内容包括（　　　）。

   A. 样式　　　　　　　　B. 字体　　　　　　　　C. 段落标记　　　　　D. 图片

5. 在Word中，可以将边框添加到（　　　）。

   A. 文字　　　　　　　　B. 段落　　　　　　　　C. 页面　　　　　　　D. 表格

6. 在Word中选择多个图形，可（　　　）。

   A. 按"Ctrl"键，依次选择　　　　　　　B. 按"Shift"键，再依次选择

   C. 按"Alt"键，依次选择　　　　　　　D. 按"Shift+Ctrl"组合键，依次选择

三、判断题

1. 在Word中可将正在编辑的文档另存为一个纯文本（TXT）文件。（　　　）

2. 在Word中允许同时打开多个文档。（　　　）

3. 第一次启动Word后系统将自动创建一个空白文档，并命名为"新文档.docx"。
（　　　）

4. 使用"文件"菜单中的"打开"命令可以打开一个已存在的Word文档。（　　　）

5. 保存已有文档时，程序不会做任何提示，而是直接将修改保存下来。（　　　）

6. 在默认情况下，Word是以可读写的方式打开文档的。为了保护文档不被修改，用户可以设置以只读方式或以副本方式打开文档。（　　　）

7. 要在Word中向前滚动一页，可通过按"PageDown"键来完成。（　　　）

8. 在按住"Ctrl"键的同时滚动鼠标滚轮可以调整显示比例，滚轮每滚动一格，显示比例增大或减小100%。（　　　）

9. 在Word中，滚动条的作用是控制文档内容在页面中的位置。（　　　）

10. 在Word的浮动工具栏中只能设置字体的字形、字号和颜色。（　　　）

四、操作题

在"推广方案.docx"文档（素材\第5章\推广方案.docx）中插入艺术字、SmartArt图形及表格，并对艺术字、SmartArt图形及表格的样式和颜色等进行设置（效果\第5章\推广方案.docx），要求如下。

（1）打开"推广方案.docx"文档，插入和编辑艺术字。

（2）添加、编辑和美化SmartArt图形。

（3）添加表格和输入表格内容。

（4）编辑和美化表格，完成后保存文档。

习题六
电子表格软件Excel 2016

一、单选题

1. Excel的主要功能是（　　　）。
   A. 表格处理、文字处理、文件管理　　　B. 表格处理、网络通信、图形处理
   C. 表格处理、数据库处理、图形处理　　　D. 表格处理、数据处理、网络通信

2. Excel 2016工作簿文件的扩展名为（　　　）。
   A. xlsx　　　　　B. docx　　　　　C. pptx　　　　　D. xls

3. 按（　　　），可执行保存Excel工作簿的操作。
   A. "Ctrl+C"组合键　　　　　B. "Ctrl+E"组合键
   C. "Ctrl+S"组合键　　　　　D. "Esc"组合键

4. 在Excel中，Sheet1、Sheet2等表示（　　　）。
   A. 工作簿名　　　　B. 工作表名　　　　C. 文件名　　　　D. 数据

5. 在Excel中，组成电子表格最基本的单位是（　　　）。
   A. 数字　　　　　B. 文本　　　　　C. 单元格　　　　　D. 公式

6. 工作表是用行和列组成的表格，其行、列分别用（　　　）表示。
   A. 数字和数字　　　B. 数字和字母　　　C. 字母和字母　　　D. 字母和数字

7. 在Excel工作表中，"格式刷"按钮的功能为（　　　）。
   A. 复制文字　　　　　　　　　B. 复制格式
   C. 重复打开文件　　　　　　　D. 删除当前所选内容

8. 在Excel工作表中，如果要同时选择若干个连续的单元格，可以（　　　）。
   A. 按住"Shift"键，依次单击所选单元格
   B. 按住"Ctrl"键，依次单击所选单元格
   C. 按住"Alt"键，依次单击所选单元格
   D. 按住"Tab"键，依次单击所选单元格

二、多选题

1. 在对下列内容进行粘贴操作时，一定要使用选择性粘贴的是（　　　）。
   A. 公式　　　　　B. 文字　　　　　C. 格式　　　　　D. 数字

2. 下列关于Excel的叙述，错误的是（　　　）。
   A. Excel将工作簿的每一张工作表分别作为一个文件来保存
   B. Excel允许同时打开多个工作簿进行文件处理
   C. Excel的图表必须与生成该图表的有关数据处于同一张工作表中

D. Excel工作表的名称由文件名决定

3. 下列选项中，可以新建工作簿的操作为（　　　　）。

   A. 选择"文件"/"新建"命令　　　　　　B. 利用快速访问工具栏的"新建"按钮

   C. 使用模板方式　　　　　　　　　　　D. 选择"文件"/"打开"命令

4. 在工作簿的单元格中，可输入的内容包括（　　　　）。

   A. 字符　　　　　　　B. 中文　　　　　　C. 数字　　　　　　D. 公式

5. Excel的自动填充功能，可以自动填充（　　　　）。

   A. 数字　　　　　　　B. 公式　　　　　　C. 日期　　　　　　D. 文本

6. Excel中的公式可以使用的运算符有（　　　　）。

   A. 数学运算符　　　　B. 文字运算符　　　C. 比较运算符　　　D. 逻辑运算符

7. 修改单元格中的数据的正确方法有（　　　　）。

   A. 在编辑栏中修改　　　　　　　　　　　B. 利用"开始"功能区中的按钮

   C. 复制和粘贴　　　　　　　　　　　　　D. 在单元格中修改

三、判断题

1. 可以利用自动填充功能对公式进行复制。（　　　）

2. 如果使用绝对引用，公式不会改变；如果使用相对引用，则公式会改变。（　　　）

3. 混合引用指一个引用的单元格地址中既有绝对单元格地址，又有相对单元格地址。
   （　　　）

4. 用Excel绘制的图表，其图表中图例文字的字样是可以改变的。（　　　）

5. 在Excel中创建图表，指在工作表中插入一张图片。（　　　）

6. Excel公式一定会在单元格中显示出来。（　　　）

7. 在完成复制公式的操作后，系统会自动更新单元格内容，但不计算结果。（　　　）

8. Excel一般会自动选择求和范围，用户也可自行选择求和范围。（　　　）

9. 分类汇总是按一个字段进行分类汇总，而数据透视表数据则适合按多个字段进行分类
   汇总。（　　　）

10. 在Excel的单元格引用中，如果单元格地址不会随位移的方向和大小的改变而改变，
    则该引用为相对引用。（　　　）

四、操作题

打开"员工工资表.xlsx"工作簿（素材\第6章\员工工资表.xlsx），按以下要求进行操作
（效果\第6章\员工工资表.xlsx）。

（1）使用自动求和公式计算"工资汇总"列的数值，其数值等于基本工资+绩效工资+提
成+工龄工资。

（2）对表格进行美化，设置其对齐方式为居中对齐。

（3）将基本工资、绩效工资、提成、工龄工资和工资汇总的数据格式设置为会计专用。

（4）使用降序排列的方式对工资汇总进行排序，并将大于4000的数据设置为红色。

习题七
演示文稿软件PowerPoint 2016

一、单选题

1. 在PowerPoint中，演示文稿与幻灯片的关系是（　　）。
   A. 同一概念
   B. 相互包含
   C. 演示文稿中包含幻灯片
   D. 幻灯片中包含演示文稿

2. 使用PowerPoint制作幻灯片时，主要通过（　　）区域制作幻灯片。
   A. 状态栏
   B. 幻灯片区
   C. 大纲区
   D. 备注区

3. PowerPoint 2016演示稿的扩展名是（　　）。
   A. POTX
   B. PPTX
   C. DOCX
   D. DOTX

4. 在PowerPoint 2016的下列视图模式中，（　　）可以进行文本的输入。
   A. 普通视图、幻灯片浏览视图、大纲视图
   B. 大纲视图、备注页视图、幻灯片放映视图
   C. 普通视图、大纲视图、幻灯片放映视图
   D. 普通视图、大纲视图、备注页视图

5. 在幻灯片中插入的图片盖住了文字，可通过（　　）来调整这些叠放效果。
   A. 叠放次序命令
   B. 设置
   C. 组合
   D. "格式" / "排列" 组

6. 插入新幻灯片的方法是（　　）。
   A. 单击 "开始" / "幻灯片" 组中的 "新幻灯片" 按钮
   B. 按 "Enter" 键
   C. 按 "Ctrl+M" 组合键
   D. 以上方法均可

7. 启动PowerPoint后，可通过（　　）建立演示文稿文件。
   A. 选择 "文件" / "新建" 命令
   B. 在自定义快速访问工具栏中选择 "新建" 选项
   C. 直接按 "Ctrl+N" 组合键
   D. 以上方法均可

8. 在下列操作中，不能删除幻灯片的操作是（　　）。
   A. 在 "幻灯片" 窗格中选择幻灯片，按 "Delete" 键
   B. 在 "幻灯片" 窗格中选择幻灯片，按 "Backspace" 键
   C. 在 "幻灯片" 窗格中选择幻灯片，单击鼠标右键，在弹出的快捷菜单中选择 "删除幻灯片" 命令

D. 在"幻灯片"窗格中选择幻灯片，单击鼠标右键，在弹出的快捷菜单中选择"重设幻灯片"命令

二、多选题

1. 下列关于在PowerPoint中创建新幻灯片的叙述，正确的有（　　　）。

    A. 新幻灯片可以用多种方式创建

    B. 新幻灯片只能通过幻灯片窗格来创建

    C. 新幻灯片的输出类型可以根据需要来设置

    D. 新幻灯片的输出类型固定不变

2. 下列关于在幻灯片占位符中插入文本的叙述，正确的有（　　　）。

    A. 对于插入的文本一般不加限制　　　B. 对于插入的文本文件有很多限制条件

    C. 插入标题文本一般在状态栏进行　　D. 插入标题文本可以在大纲区进行

3. 在PowerPoint幻灯片浏览视图中，可进行的操作有（　　　）。

    A. 复制幻灯片　　　　　　　　　　　B. 对幻灯片文本内容进行编辑修改

    C. 设置幻灯片的切换效果　　　　　　D. 设置幻灯片对象的动画效果

4. 下列操作中，会打开"另存为"对话框的有（　　　）。

    A. 打开某个演示文稿，修改后保存　　B. 建立演示文稿的副本，以不同的文件名保存

    C. 第一次保存演示文稿　　　　　　　D. 将演示文稿保存为其他格式的文件

5. 为了便于编辑和调试演示文稿，PowerPoint提供了多种视图方式，这些视图方式包括（　　　）。

    A. 普通视图　　B. 幻灯片浏览视图　　　C. 幻灯片放映视图　　　D. 备注页视图

三、判断题

1. 母版可用来为同一演示文稿中的所有幻灯片设置统一的版式和格式。（　　　）

2. 为一张幻灯片所做的背景设置能应用于所有的幻灯片中。（　　　）

3. 在PowerPoint中创建了幻灯片后，该幻灯片即具有了默认的动画效果，如果用户对该效果不满意，可重新设置。（　　　）

4. 打印幻灯片讲义时通常是一张纸打印一张幻灯片。（　　　）

5. 在PowerPoint中，排练计时是经常使用的一种设定时间的方法。（　　　）

四、操作题

新建演示文稿，并进行下列操作。

（1）新建空白演示文稿，为其应用"平衡"模板样式。

（2）新建一张幻灯片，在其中插入一个文本框，输入文本"保护生态"，并将文本样式设置为微软雅黑、48。

（3）在第2张幻灯片中插入剪贴画"Tree，树.wmf"图像。

（4）在第3张幻灯片中插入"水.jpg"图像（素材\第7章\水.jpg）。

（5）在第4张幻灯片中插入"5列3行"的表格，然后将演示文稿保存为"保护生态.pptx"。

习题八
多媒体技术及应用

一、单选题

1. 多媒体技术的主要特性有（   ）。
   ① 多样性　　　　② 集成性　　　　③ 交互性　　　　④ 可扩充性
   A. ①　　　　　　B. ①、②　　　　C. ①、②、③　　　　D. 全部

2. 多媒体计算机中的媒体信息指（   ）。
   ① 数字、文字　　② 声音、图形　　③ 动画、视频　　④ 图像
   A. ①　　　　　　B. ②　　　　　　C. ③　　　　　　D. 全部

3. 在Photoshop中，（   ）选项的方法不能对选区进行变换或修改操作。
   A. 选择"选择"/"变换选区"命令
   B. 选择"选择"/"修改"中的命令
   C. 选择"选择"/"保存选区"命令
   D. 选择"选择"/"变换选区"命令后再选择"编辑"/"变换"中的命令

4. 在Photoshop中，选择"滤镜"/"纹理"子菜单下的（   ）命令，可以在图像中产生系统给出的纹理效果或根据另一个文件的亮度值图像添加纹理效果。
   A. 颗粒　　　　　B. 马赛克拼贴　　C. 龟裂缝　　　　D. 纹理化

5. Photoshop的图层样式中提供了外发光和内发光两种发光效果。其中，（   ）效果可在图像边缘的外部制作发光效果。
   A. 光泽　　　　　B. 外发光　　　　C. 内发光　　　　D. 光晕效果

6. 在Photoshop中，（   ）可以控制图层中不同区域的隐藏或显示，并通过编辑图层蒙版将各种特殊效果应用于该图层的图像中，且不会影响该图层的像素。
   A. 图像样式　　　B. 混合模式　　　C. 叠加效果　　　D. 图层蒙版

7. 在Photoshop中，"图像"菜单主要用于（   ）。
   A. 调整图像的色彩模式、色彩和色调、尺寸等
   B. 对图像中的图层进行控制和编辑
   C. 选取图像区域和对选区进行编辑
   D. 对图像进行编辑操作

8. 动画的最终效果很大程度上取决于Flash动画的（   ）。
   A. 前期策划　　　B. 搜集素材　　　C. 制作过程　　　D. 后期调试与优化

二、多选题

1. 多媒体技术内容涵盖丰富，具有（   ）等特点。
   A. 多样性　　　　B. 集成性　　　　C. 交互性　　　　D. 实时性

2. 在研制多媒体计算机的过程中需要解决很多关键技术，涉及的技术包括（　　　）等。

    A. 数字图像技术　　　　　　　　　　B. 数字音频技术

    C. 数据压缩与编码技术　　　　　　　D. 多媒体通信技术

3. Photoshop中常见的图层类型包括（　　　）。

    A. 背景图层　　　　B. 调整图层　　　　C. 文字图层　　　　D. 效果图层

4. Photoshop可以应用在（　　　）领域。

    A. 广告设计　　　　B. 服装设计　　　　C. 装饰设计　　　　D. 效果图处理

三、判断题

1. 运用多媒体技术可以在网页中以更精美、优质的页面来展示大量关于商品的文字、图像、视频等信息，吸引用户浏览。（　　　）

2. 随着移动互联网和多媒体技术的发展，多媒体营销已逐渐成为企业进行网络营销的主流方式。（　　　）

3. RGB模式是由青色、洋红色、黄色和黑色4种颜色组成的一种减法颜色模式，也是最佳的打印模式。（　　　）

4. 在Photoshop中，"文本工具"和"文本蒙版工具"统称"文字工具"，它们都用于对文字进行处理。（　　　）

5. 在Photoshop中，利用动作功能能按照用户的要求将图像编辑过程中的许多步骤录制成一个动作。（　　　）

6. Photoshop滤镜的工作原理是利用对图像中像素的分析，按每种滤镜的特殊数学进行像素色彩、亮度等参数的调节，其结果是使图像明显化、粗糙化或实现图像的变形。（　　　）

7. 在Photoshop中选择"图像"/"调整"命令，可以非常方便地调整图像的色调和色彩。（　　　）

8. 在Photoshop中使用"历史记录控制"面板可以随时撤销图像处理过程中的误操作。（　　　）

9. 在Photoshop的"通道控制"面板中，查看各颜色通道的方法是单击需要查看的颜色通过栏。（　　　）

10. 使用"套索工具"时，需要按"Ctrl+B"组合键将选择的文字、元件或位图打散，然后才能进行操作。（　　　）

四、操作题

打开"彩色毛巾.jpg"图像（素材\第8章\彩色毛巾.jpg），制作375px×130px的智钻图，该版块以突出文字和图片为主，先添加图片和文字，再使用虚线将文字和抢购图标进行分割（效果\第8章\毛巾375px×130px智钻图.psd）。

一、单选题

1. 构成网页的基本元素不包括（   ）。

   A. 图像　　　　　　B. 文字　　　　　　C. 站点　　　　　　D. 超链接

2. 为了让大多数浏览者可正常地浏览网页，在制作网页时通常需考虑满足（   ）的显示屏。

   A. 800px×600px　　　　　　　　　　B. 1024px×768px

   C. 1280px×960px　　　　　　　　　　D. 1366px×768px

3. 可以将站点定义导出为独立的XML文件，其后缀名为（   ），它是Dreamweaver站点的定义专用文件。

   A. ste　　　　　　B. .swf　　　　　　C. set　　　　　　D. st

4. 网页中的图片太多也会影响网页下载的速度。可以对网页中的图片进行优化，在图片的大小和显示质量两个方面取得平衡。网页中的图像大小最好保持在（   ）以下。

   A. 10KB　　　　　　B. 15KB　　　　　　C. 20K　　　　　　D. 40KB

5. 超链接可以是文本、图像或其他的网页元素。超链接由源端点和（   ）两部分组成。

   A. 目标端点　　　　B. 最终端点　　　　C. 链接端点　　　　D. 初始端点

6. 空链接指（   ）的链接。如果需要在文本上附加行为，以便通过调用JavaScript等脚本代码来实现一些特殊功能，就需要创建空链接。

   A. 没有链接目标　　　　　　　　　　B. 只能链接文本

   C. 不能链接文本　　　　　　　　　　D. 未指定目标端点

7. 在网页模板中可创建多个编辑区域，可编辑区域名称可以使用（   ）。

   A. 双引号　　　　　　B. 大于号　　　　　　C. 小于号　　　　　　D. 百分号

8. 表单"属性"面板的"方法"下拉列表框用于选择传送表单数据的方式，其中GET选项表示（   ）。

   A. 将表单中的信息以追加到处理程序地址后面的方式进行传送

   B. 传送表单数据时它将表单信息嵌入到请求处理程序中

   C. 采用浏览器默认的设置对表单数据进行传送

   D. 将表单中的信息直接发送到处理程序进行传送

二、多选题

1. 文本字段根据行数和显示方式可分为（   ）3种，它是最常见的表单对象之一，可接受任何类型文本内容的输入。

    A. 单行文本域　　　　　　　　　B. 多行文本域

    C. 密码域　　　　　　　　　　　D. 列表

2. 选择类表单对象包括（　　　）。

    A. 复选框　　　　B. 单选钮组　　　C. 列表/菜单　　　　D. 跳转菜单

3. 表单通常由多个表单对象组成，表单对象包括（　　　）。

    A. 复选框　　　　B. 单选钮　　　　C. 文本框　　　　　D. 按钮

4. 可以对表格进行（　　　）等操作。

    A. 数据的导入、导出　　　　　　B. 表格和单元格属性的设置

    C. 表格内容的移动　　　　　　　D. 表格中数据的排序

三、判断题

1. 电子邮件链接可方便浏览者为某邮箱发送邮件。（　　　）

2. 在制作网页的过程中，若插入表格的行、列不够或行、列太多，则可根据实际情况进行插入或删除行、列的操作。（　　　）

3. 单击可编辑区域左上角的可编辑区域标签或将插入点定位到可编辑区域中，选择"修改"/"模板"/"删除模板标记"命令即可删除该可编辑区域。（　　　）

4. 插入的表单以红色虚线框显示，在浏览器中浏览时会以黑色显示。（　　　）

5. 创建网站时，收集好资料后还需对资料进行有效的管理，网站就是管理资料的场所。（　　　）

6. 为能合理地安排站点中的各项内容，制作网页之前需对整个站点进行有条理的规划。（　　　）

四、操作题

为某珠宝公司的电商销售网站制作一个"产品中心"页面，该页面主要展示珠宝公司的相关产品，要求如下。

（1）启动Dreamweaver，创建一个站点，然后创建相关的文件和文件夹。

（2）在网页中添加DIV标签，然后通过CSS设计器来布局网页页面，并设置相关的格式。

（3）通过"插入"面板将图像和Flash动画插入到相关的DIV中，并调整图像和动画的大小和位置等属性格式。

（4）选择需要添加超链接的文本或图像，在"链接"文本框中输入链接地址，然后在需要的图像区域创建热点超链接，绘制矩形热点，设置链接地址。

（5）保存网页文件，然后按"F12"键预览网页文件。

习题十
信息安全与职业道德

一、单选题

1. 下列不属于信息安全影响因素的是（　　　）。
   A. 硬件因素　　　　　　B. 软件因素　　　　C. 人为因素　　　D. 常规操作

2. 下列不属于计算机病毒特点的是（　　　）。
   A. 传染性　　　　　　　B. 危害性　　　　　C. 暴露性　　　　D. 潜伏性

3. 为了对计算机病毒进行有效的防治，用户应（　　　）。
   A. 拒绝接受邮件　　　　　　　　　　　B. 不下载网络资源
   C. 定期对计算机进行病毒扫描和查杀　　　D. 勤换系统

二、多选题

1. 从原理上进行区分，可将密码体制分为（　　　）。
   A. 对称密钥密码体制　　　　　　　B. 非对称密钥密码体制
   C. 传统密码体制　　　　　　　　　D. 非传统密码体制

2. 下列属于黑客常用攻击方式的有（　　　）。
   A. 获取口令　　　　　　　　　　　B. 利用账号进行攻击
   C. 电子邮件攻击　　　　　　　　　D. 寻找系统漏洞

3. 下列属于防范计算机病毒的有效方法有（　　　）。
   A. 最好不使用和打开来历不明的光盘和可移动存储设备
   B. 在上网时不随意浏览不良网站
   C. 定时扫描计算机中的文件并清除威胁
   D. 不下载和安装未经过安全认证的软件

三、判断题

1. 对称密钥密码体制又称单密钥密码体制，是一种传统密码体制。（　　　）
2. 防火墙是一种位于内部网络之间的网络安全防护系统。（　　　）
3. 计算机病毒能寄生在系统的启动区、设备的驱动程序、操作系统的可执行文件中。
   （　　　）
4. 计算机病毒主要具有传染性、危害性、隐蔽性、潜伏性、诱惑性等特点。（　　　）
5. 公开密钥密码体制的特点是公钥公开，私钥保密。（　　　）
6. 根据黑客攻击手段的不同，可将其分为非破坏性攻击和破坏性攻击两种类型。
   （　　　）

习题十一
计算机新技术及应用

一、单选题

1. 下列不属于云计算特点的是（　　）。
   A. 高可扩展性　　　　B. 按需服务　　　　C. 高可靠性　　　　D. 非网络化
2. 下列数据计量单位的换算中，错误的是（　　）。
   A. 1024EB=1ZB　　　B. 1024ZB=1YB　　　C. 1024YB=1NB　　D. 1024NB=1PB
3. （　　）是一种可以创建和体验虚拟世界的计算机仿真系统。
   A. 虚拟现实技术　　　B. 增强现实技术　　　C. 混合现实技术　　D. 影像现实技术

二、多选题

1. 云计算主要可应用在（　　）领域。
   A. 医药医疗　　　　　B. 制造　　　　　　C. 金融与能源　　　D. 教育科研
2. 在物联网应用中，主要涉及（　　）几项关键技术。
   A. 传感器技术　　　　B. 全息影响　　　　C. RFID标签　　　　D. 嵌入式系统技术
3. 下列属于大数据典型应用案例的有（　　）。
   A. 高能物理　　　　　B. 网页推荐系统　　C. 搜索引擎系统　　D. 淘宝钻展推荐

三、判断题

1. 云计算技术具有高可靠性和安全性。（　　）
2. 物联网系统不需要大量的存储资源来保存数据，重点是需要快速完成数据的分析和处理工作。（　　）
3. 云安全技术是云计算技术的分支，在反病毒领域获得了广泛应用。（　　）
4. 搜索引擎是常见的大数据系统。（　　）
5. MR指介导现实或混合现实，是一种实时计算摄影机影像位置及角度，并赋予其相应图像、视频、3D模型的技术。（　　）

附录

参考答案

习题一

一、单选题

1	2	3	4	5	6	7	8	9	10
D	B	B	C	B	A	A	B	A	D

二、多选题

1	2	3	4	5	6	7	8	9
ABCD	ABC	ABD	AD	AD	ACD	ACD	BCD	ABCD

三、判断题

1	2	3	4	5	6	7	8	9	10
√	×	×	×	√	√	√	√	×	×
11	12	13	14	15					
×	√	×	×	√					

习题二

一、单选题

1	2	3	4	5	6	7	8	9	10
A	A	C	C	C	B	B	B	B	D

二、多选题

1	2	3	4	5	6	7	8	9	10
ACD	ABD	AC	ABD	CD	AC	AD	ABD	BD	ABC

三、判断题

1	2	3	4	5	6	7	8	9	10
√	√	×	×	√	×	×	√	×	×
11	12	13	14	15					
√	√	×	√	×					

习题三

一、单选题

1	2	3	4	5	6	7	8	9	10
A	B	D	D	A	B	B	A	B	A

二、多选题

1	2	3	4	5	6	7	8	9
ABCD	AD	ABCD	ABC	ABC	ABCD	ABCD	BD	ABCD

三、判断题

1	2	3	4	5	6	7	8	9	10
×	√	√	√	×	×	√	√	√	×

习题四

一、单选题

1	2	3	4	5	6	7	8	9	10
A	B	B	D	C	C	A	A	A	B

二、多选题

1	2	3	4	5
ABC	AC	ABCD	BC	ABCD

三、判断题

1	2	3	4	5	6	7	8	9	10
√	√	×	×	×	×	√	√	×	×

四、操作题（略）

习题五

一、单选题

1	2	3	4	5	6
C	A	A	A	B	A

二、多选题

1	2	3	4	5	6
ABCD	ABC	ABCD	ABC	ABCD	ABD

三、判断题

1	2	3	4	5	6	7	8	9	10
√	√	×	√	√	√	×	×	×	×

四、操作题（略）

习题六

一、单选题

1	2	3	4	5	6	7	8		
C	A	C	B	C	B	B	A		

二、多选题

1	2	3	4	5	6	7			
AC	ACD	AB	ABCD	ABCD	ABC	AD			

三、判断题

1	2	3	4	5	6	7	8	9	10
√	×	√	√	×	×	×	√	√	×

四、操作题（略）

习题七

一、单选题

1	2	3	4	5	6	7	8		
C	B	D	D	D	D	D	D		

二、多选题

1	2	3	4	5					
AC	AD	AC	BCD	ABCD					

三、判断题

1	2	3	4	5					
√	×	×	×	√					

四、操作题（略）

习题八

一、单选题

1	2	3	4	5	6	7	8		
D	D	C	D	B	D	C	C		

二、多选题

1	2	3	4						
ABCD	ABCD	ABCD	ABCD						

三、判断题

1	2	3	4	5	6	7	8	9	10
√	√	×	√	√	√	√	√	√	√

四、操作题（略）

习题九

一、单选题

1	2	3	4	5	6	7	8		
C	A	A	A	A	D	D	A		

二、多选题

1	2	3	4						
ABC	ABCD	ABCD	ABCD						

三、判断题

1	2	3	4	5	6				
√	√	√	×	×	√				

四、操作题（略）

习题十

一、单选题

1	2	3							
D	C	C							

二、多选题

1	2	3							
AB	ABCD	ABCD							

三、判断题

1	2	3	4	5	6				
√	×	√	√	√	√				

习题十一

一、单选题

1	2	3							
D	D	A							

二、多选题

1	2	3							
ABCD	ACD	ABCD							

三、判断题

1	2	3	4	5					
√	×	√	√	×					